경북의 종가문화 43

16세기 문향 의성을 일군,
의성 회당 신원록 종가

기획 | 경상북도 · 경북대학교 영남문화연구원
지은이 | 신해진
펴낸이 | 오정혜
펴낸곳 | 예문서원

편집 | 유미희
디자인 | 김세연
인쇄 및 제본 | 주) 상지사 P&B

초판 1쇄 | 2017년 8월 21일

주소 | 서울시 성북구 안암로 9길 13(안암동 4가) 4층
출판등록 | 1993년 1월 7일(제307-2010-51호)
전화 | 925-5914 / 팩스 | 929-2285
홈페이지 | http://www.yemoon.com
이메일 | yemoonsw@empas.com

ISBN 978-89-7646-371-5 04980
ISBN 978-89-7646-368-5 (전6권)
ⓒ 경상북도 2017 Printed in Seoul, Korea

값 30,000원

이정 헌담 신념을 즐기
16세기 문헌 이정을 일괄,

경북의 종가문화 연구진

연구책임자   정우락(경북대 국문학과)

공동연구원   황위주(경북대 한문학과)
                    조재모(경북대 건축학부)

종가선정위원장   황위주(경북대 한문학과)

종가선정위원   이수환(영남대 역사학과)
                    홍원식(계명대 철학윤리학과)
                    정명섭(경북대 건축학부)
                    배영동(안동대 민속학과)
                    이세동(경북대 중어중문학과)

종가연구팀   김위경(영남문화연구원 연구원)
                    이상민(영남문화연구원 연구원)
                    이재현(영남문화연구원 연구원)
                    최은주(영남문화연구원 연구원)
                    황명환(영남문화연구원 연구보조원)
                    전설련(영남문화연구원 연구보조원)

경상북도에서 『경북의 종가문화』 시리즈 발간사업을 시작한 이래, 그간 많은 분들의 노고에 힘입어 어느새 46권의 책자가 발간되었습니다. 본 사업은 더 늦기 전에 지역의 종가문화를 기록으로 남겨 후세에 전해야 한다는 절박함에서 비롯되었습니다. 이제는 성과물이 하나하나 결실로 맺어져 지역을 알리는 문화자산으로 자리 잡아가고 있어 300만 도민의 한 사람으로서 무척 보람되게 생각합니다.

경상북도 신청사가 안동·예천 지역에 새로운 자리를 마련하여 이전한 지도 일 년이 훌쩍 넘었습니다. 유구한 전통문화의 터 위에 웅도 경북이 새로운 천년千年을 선도해 나가는 계기가 될 것이라 확신합니다. 그리고 옛것의 가치를 소중히 하는 경북 전통문화의 중심에는 종가宗家가 있습니다. 우리 도에는 240여 개소에 달하는 종가가 고유의 문화를 온전히 지켜오고 있어 우리나라 종가문화의 보고寶庫라고 해도 과언이 아닙니다.

하지만 최근 산업화와 종손·종부의 고령화 등으로 인해 종가문화는 급격히 훼손·소멸되고 있는 실정입니다. 이에 경상북도에서는 종가문화를 보존·활용하고 발전적으로 계승하기 위해 2009년부터 '종가문화 명품화 사업'을 추진해 오고 있습니다. 그간 체계적인 학술조사 및

연구를 통해 관련 인프라를 구축하고, 명품 브랜드화 하는 등 향후 발전 가능성을 모색하기 위해 노력하고 있습니다.

　　경북대학교 영남문화연구원을 통해 2010년부터 추진하고 있는 『경북의 종가문화』 시리즈 발간도 이러한 사업의 일환입니다. 도내 종가를 대상으로 현재까지 『경북의 종가문화』 시리즈 46권을 발간하였으며, 발간 이후 관계문중은 물론 일반인들로부터 큰 호응을 얻고 있습니다. 이들 시리즈는 종가의 입지조건과 형성과정, 역사, 종가의 의례 및 생활문화, 건축문화, 종손과 종부의 일상과 가풍의 전승 등을 토대로 하여 일반인들이 쉽고 재미있게 읽을 수 있는 교양서 형태의 책자 및 영상물(DVD)로 제작되었습니다. 내용면에 있어서도 철저한 현장조사를 바탕으로 관련분야 전문가들이 각기 집필함으로써 종가별 특징을 부각시키고자 노력하였습니다.

　　이러한 노력으로, 금년에는 청송 불훤재 신현 종가, 군위 경재 홍로 종가, 의성 회당 신원록 종가, 안동 유일재 김언기 종가, 고령 죽유 오운 종가, 봉화 계서 성이성 종가 등 6곳의 종가를 대상으로 시리즈 6권을 발간하게 되었습니다. 비록 시간과 예산상의 제약으로 말미암아 몇몇 종가에 한정하여 진행하고 있으나, 앞으로 도내 100개 종가를 목표로 연차 추진해 나갈 계획입니다. 종가관련 자료의 기록화를 통해 종가문화 보존 및 활용을 위한 기초자료를 제공함은 물론, 일반인들에게 우리 전통문화의 소중함과 우수성을 알리는 데 크게 도움이 될 것으로 확신합

니다.

한국의 종가는 수백 년에 걸쳐 지역사회의 구심점이자 한국 전통문화의 상징으로서의 역할을 묵묵히 수행해 왔으며, 현대사회에 있어서도 유교적 가치와 문화에 대한 재조명에 주목하고 있는 상황입니다. 그 바탕에는 종가문화를 올곧이 지켜온 종문宗門의 숨은 저력이 있었음을 깊이 되새기고, 이러한 정신이 경북의 혼으로 승화되어 세계적인 정신문화로 발전해 나가길 진심으로 바라는 바입니다.

앞으로 경상북도에서는 종가문화에 대한 지속적인 조사·연구 추진과 더불어, 종가의 보존관리 및 활용방안을 모색하는 데 적극 노력해 나갈 것을 약속드립니다. 이를 통해 전통문화를 소중히 지켜 오신 종손·종부님들의 자긍심을 고취시키고, 나아가 종가문화를 한국의 대표적인 고품격 한류韓流 자원으로 정착시키기 위해 더욱 힘써 나갈 계획입니다.

끝으로 이 사업을 위해 애쓰신 정우락 경북대학교 영남문화연구원장님과 여러 연구원 여러분, 그리고 집필자 분들의 노고에 진심으로 감사드립니다. 아울러, 각별한 관심을 갖고 적극적으로 협조해 주신 종손·종부님께도 감사의 말씀을 드립니다.

2017년 8월 일

경상북도지사 김관용

선조에게 아름다움이 없는데도 이를 찬양함은 속이는 것이요,
선행이 있는데도 알지 못함은 밝지 못한 것이요,
알고도 후세에 전하지 않음은 어질지 못한 것이다.
其先祖, 無美而稱之, 是誣也; 有善而弗知, 不明也; 知而弗傳,
不仁也.

이 말은 『예기』의 「제통祭統」에 나온다. 선조가 살아온 삶에
대해 당연히 속여서도 아니 되지만, 그 선행을 알지 못하거나 알
고서도 전하지 않는 것은 군자가 부끄러워하는 바라 했다. 그러
니 2008년부터 2011년까지 아주신씨가 문집을 역주하여 7권을

출간한 후손으로서 '회당恛堂 신원록申元祿 종가宗家'에 대한 집필은 숙명이고 책무가 아니랴.

　물질적 가치의 추구가 최고의 선인 듯한 요즈음 핵가족화에 호주제마저 폐지된 상황에서, 종가가 과연 주목의 대상이겠는가 묻지 않을 수 없다. 그런데 물질문명과 지식정보화사회가 발달하면 발달할수록 인터넷과 같은 정보망 등으로 더욱 촘촘히 얽히고설킨 인프라를 구축해야 하는 것이 현실이다. 그 촘촘한 인프라는 상대방을 배려하지 않으면 더 이상 즐길 수 없는 널뛰기 놀이방식과 같은 삶의 방식을 택하지 않으면 아니 되도록 하고 있다. 그러니 나 아닌 타자에 대한 적극적인 배려야말로 자기 삶의 질을 높이는 데에 또다시 새로이 요구되는 불가결한 요소이리라. 종가는 적장자로만 대를 이어오는 큰집으로, 종원宗員들과 함께 이웃을 배척하지 않고 껴안는 뿌리 깊은 상생의 삶의 방식을 소중히 보존하고 있다. 그렇다면 오늘날의 상황에서 종가는 주목의 대상이 되지 않겠는가.

　무엇보다도 불천위不遷位를 모시는 종가는 조선시대에 모두가 부러워하는 최고 영광의 가문이었다. 일반적으로 현손玄孫들이 모두 죽으면 신주를 무덤에 묻는 것이니 제사는 4대조까지 받들어 모시지만, 불천위 제사는 신주를 옮기거나 무덤에 묻지 않고 사당에 영구히 두면서 자손들로 하여금 받들도록 허락된 제사를 일컫기 때문이다. 그 불천위의 큰 인물이 보여준 삶과 철학을

영원히 기리며 잊지 않기 위한 방편이 바로 불천위 제사였던 것이다. 후손들은 그 불천위 제사를 통해 선조의 훌륭한 효행과 덕행을 기리며 자신들의 존재적 근원을 재확인하고 정체성을 확립하게 된다. 또한 제례에 모인 혈족과 정을 나누며 서로의 동질감을 느끼게 된다. 이뿐만 아니라 그 불천위 제례에 참례한 지역의 유지들과 소통하며 지역 공동체적 삶을 되돌아보게 된다. 따라서 불천위의 인물은 사라졌어도 그가 남긴 정신은 사라지지 않고 오랜 세월 동안 이어져 가통과 가풍이 만들어지는 것이다.

회당 신원록(1516~1576) 종가는 불천위를 모시고 있는 종가이다. 회당의 효행과 학행이 빛났거니와 널리 알려져서 1603년에는 복호復戶의 은전이 내려졌으며, 1615년에는 정려가 내려지고 통정대부 호조참의에 증직되고 『속삼상행실』에 실렸으며, 1656년에는 그 정려각이 지어졌고 당시 의성현령 안응창安應昌(1603~1680)이 향사례享祀禮를 지냈다. 이 정려각은 현재 경상북도 의성군 문화유산 제1호이다.

회당은 11살 때부터 8년간 부친의 병구완을 하였고, 홀어머니를 40여 년간 지극정성으로 모시다가 돌아가시자 여묘살이를 하는 중에 여막에서 죽었는데, 지하에서도 어머니를 다시 모시고 싶다 할 정도로 모든 행실의 근원인 효를 실천한 인물이다. 또한 학관으로서의 훈도訓導 생활은 어머니를 봉양하기 위해 뜻을 굽힌 것이었지만, 그 어머니와 떨어져 있자니 가까이서 모실 수가

없었기 때문에 훈도도 오래하지 않았다. 형제간에도 남다른 우애를 지녔을 뿐만 아니라 의성 고을의 빈민을 구제하기 위해 진휼장賑恤場을 개설하기도 하였다. 회당은 신재 주세붕, 퇴계 이황, 남명 조식의 문하에서 위기지학爲己之學을 수학했는데, "학문은 신재로부터 발단한 것이고, 남명에 의해 눈으로 보고 마음으로 느낀 것이며, 퇴계의 훈도薰陶에 힘 입어 만년에 도덕을 증진시킨 것이 크다."라고 후인들은 평하였다. 유생들을 위한 강학소로서 업유재業儒齋를 창건하였고 학문진흥을 위한 장천서원長川書院을 14년 만에 건립하였다. 장천서원은 의성 지역의 최초 사액서원이었으며, 현전 빙계서원氷溪書院의 전신이다. 이 빙계서원의 원장을 아들 신흘과 손자 신적도가 지내기도 하였다. 또 윤상倫常을 위한 향약도 새로이 제정하였다. 따라서 회당은 16세기 문향文鄕으로서 의성의 중흥을 일군 선비였다.

회당의 이러한 효행과 덕행에 대해 누구나 알 수 있도록 서술하면서 또한 그러한 행실의 연원 및 계승에 대해서도 비교적 상세히 서술하고자 했다. 회당은 그의 6대조 신우申祐가 유훈으로 남겼던 절의와 효행이라는 가풍을 몸소 실천한 것으로 보인다. 신우는 고려조 때 전라도 안렴사를 지냈는데, 김성미金成美를 사위로 길재吉再를 조카사위로 이맹전李孟專을 외손서로 삼아 상주와 선산 일대가 강직한 절의와 사림의 고장으로 자리를 잡는 데 크나큰 역할을 한 것으로 여겨진다. 그는 조선조가 개창되자

그 신복臣僕이 되지 않으려고 길재와 함께 남쪽으로 내려와 상주의 만경산萬景山으로 들어갔는데, 태조 이성계가 형조판서라는 벼슬을 주며 불렀지만 죽음을 무릅쓰고 끝내 뿌리쳐 절의를 지킨 인물이다. 이러한 절행으로 그는 두문동서원杜門洞書院에 봉안되었다. 또 신우의 효행은 『신증동국여지승람』의 상주목 효자편에 수록되었을 뿐만 아니라 권문해權文海의 『대동운부군옥』 등에도 실려 있다. 그는 부친이 운명하자 피눈물을 흘리며 3년 동안 여묘살이를 하였는데, 그곳에 두 그루의 푸른 대나무가 돋아나니 그의 지극한 효성에 천지신명이 감응한 것이라 하여 조정에서 정표旌表한 것이다. 이러한 효행으로 속수서원涑水書院에 봉안되었다.

회당이 실천한 가풍은 이러한 연원을 지녔고, 또한 그의 아들들과 손자들에게 이어졌다. 회당은 2명의 아들과 8명의 손자가 있었다. 손자 8명은 이른바 회당가의 팔도八道라 칭해졌는데, 모두 지파支派의 파조派祖가 되었다. 두 아들 흥계興溪 신심申伈과 성은城隱 신흘申仡은 누구 할 것 없이 부모에게 효성이 지극하였을 뿐만 아니라 임진왜란이 일어나자 왜적을 토벌하려고 의병을 일으켰으며, 전공戰功 다툼 때문에 쉽지 않았던 연합전선을 펼치자는 서신을 의병장들에게 보내는 등 충의를 떨쳤다. 성은의 세 아들들도 부모에게 효성을 다했을 뿐만 아니라 호란胡亂을 당해 충의를 떨쳤으니, 호계 신적도는 정묘호란과 병자호란 때 모두 의병장이었는데 화친이 맺어지자 상소하여 수치스런 화친을 통

렬히 비판하였고, 만오 신달도는 정묘호란 때 인조를 강화도로 호종하기 전후로 척화론의 입장에서 직언을 서슴지 않았으며, 난재 신열도는 어명으로 명나라에 서장관으로 가서 외교적 수완을 발휘하였고 남한산성이 포위되었을 때 화친의 잘못을 제일 먼저 고했다. 이로써 명예와 충절이 한 집안에만 있는 것 같았다. 한편, 회당의 손자들은 모두 다 그런 것이 아니지만 월천 조목趙穆, 서애 류성룡柳成龍, 한강 정구鄭逑, 여헌 장현광張顯光, 우복 정경세鄭經世 등에게 가르침을 받았다. 특히, 여헌의 가르침은 지대하였다. 성은의 세 아들은 과거에 급제하여 명성이 빛나려니와 널리 퍼졌는데, 특히 만오와 난재 형제는 잇달아 대과에 급제하기도 하였다. 이로써 학문과 벼슬이 둘 다 넉넉해지기도 하였다. 따라서 16세기와 17세기에 보인 회당가의 덕업은 충효라는 옷을 입고 의리라는 맛있는 음식을 만끽하며 위기지학을 실행한 것이라 하겠다.

이 책에서 회당의 두 아들과 이른바 팔도八道 손자들로만 한정하여 회당의 삶과 철학을 계승한 면목에 대해 서술한 것은 그들이 각 지파支派의 파조派祖로서 지닌 위상을 고려해야 했기 때문이다. 또 더 확장하면 어쩔 수 없이 뛰어난 족적을 남긴 후손들 위주로만 서술될 염려도 있었기 때문이다. 남아 있는 문헌 자료라는 것이 결국 명망 있는 후손들 것임은 말할 필요가 없을 것이다. 회당가의 후손인 필자로서는 궁여지책으로 '대를 이은 후손

들' 이라는 항목을 마련해 회당의 자손 10명을 골고루 최대한 담담하게 있는 그대로의 모습을 서술하고자 애썼다. 묵묵히 그 자리를 지키다가 사라져간 자손들을 주목할 수만 있다면 그래야 하거늘, 너무나도 쉽게 외면한다면 안타깝지 않겠는가. 그래서 있는 그대로 드러내는 것도 한 방법이라고 생각하였던 것이다. 일부러 하위 항목의 편차編次도 세우지 않았다. 그러했음에도 참고할 수 있는 문헌자료가 없는 자손들이 실천했을 덕행의 진면목을 담을 수가 없었고, 게다가 오히려 각 자손들 간에 비교가 될 수밖에 없도록 한 것이 못내 아쉽다. 쉬 외면하지 않으려고 했지만, 나 또한 참고할 문헌이 없다는 것을 핑계로 각 자손들의 덕업德業을 편중되게 서술하고 말았다.

오늘날까지 회당가에서는 회당을 기려왔다. 1670년 이산서원尼山書院을 건립하여 배향하려다가 당시 현령의 권유로 1685년 장대서원藏待書院에 배향하였으며, 1740년에 편집하여 1769년경에 『회당선생문집』을 간행하였으며, 1984년에 시작하여 4년간 준비해서 1988년에 회당의 사적비事蹟碑를 제막하였으며, 2013년에 묘역과 석물들을 정비하였다. 또 관리의 어려움을 해소하기 위해 소장하고 있던 책판, 현판 등 296점을 안동의 한국국학진흥원에 수탁하였다. 회당가 종중은 이렇듯 회당의 삶과 정신을 기리고 전수하는 일을 지속적으로 해왔음을 알 수 있다. 그러나 현재 아쉽게도 종손과 종택이 없다. 어느 시기부터인지 모르겠으

나 종손으로서의 역할을 제대로 할 수 없게 되고, 20세기에 들어서는 어름에서 고향을 떠났다가 연락이 두절된 채로 지낸 것이 어언 100여 년이 지나고 말았기 때문인 것 같다. 회당가 종중은 집안의 이러한 형편에 맞게 유사 후손들로 하여금 받들게 하여 지금까지 해마다 불천위 제례를 모시고 있다. 오늘날에 있어서 계승의 본질은 바로 숭조정신일 것이고 변화의 모색은 방식일 것이니, 오히려 낯설다고 생각되는 모습을 있는 그대로 보이는 것도 불천위종가에 대한 논의의 장에 기여할 것으로 생각해 가감 없이 드러내 서술하였다.

   이 책의 내용 대부분은 회당과 그 선조와 후손들의 글과 말에서 나왔다. 또한 회당가의 공덕에서 비롯된 것이겠지만 그 당시 훌륭한 선비들로부터 받은 글과 말에서 나왔다. 기존 역주서에서 문장이나 글이 상당히 인용되었지만, 이 책의 성격상 출처를 일일이 밝히지 않았음을 양해 바란다. 나는 집안에 보존되어 오던 옥구슬을 후손으로서 미력하나마 공들여 겨우 꿰었을 뿐이다. 먼 훗날 후예들이 먼 조상의 사적을 조금이라도 알 수 있기를 바라고, 어떻게 하면 잘 계승할 것인가 생각하기를 바란다. 그리고 이 책을 집필하면서 저 너머의 아련한 시공간으로 찾아갈 수 있어 행복했다는 말을 하고 싶다. 당시 4학년 국민학생이 산업박람회가 열렸던 1969년 서울로 간 뒤로 고향 의성을 이렇게 오래도록 떠올리며 생각한 적이 있었던가, 그렇지 않았기 때

문이다. 이제 회당의 삶과 철학은 또 다른 의미로 오늘날 우리의 가슴속에서 살아 숨 쉬지 않겠는가. 가족과 이웃 공동체에 대한 옛 선조의 지혜에 귀 기울이는 것은 바로 자신의 소종래에 대한 확인이고 자신의 삶을 되짚어보는 계기가 될 것이기 때문이다.

한국의 종가문화를 대표적인 문화유산으로 가꾸고 유네스코 세계무형문화유산으로 등재하기 위해서는 그것의 기록과 보존이 필요한바, 경상북도는 2009년부터 '경북 종가문화 명품화' 사업을 추진하면서 그 일환으로 경북대학교 영남문화연구원과 함께 2010년부터 '경북의 종가문화' 시리즈 100권 간행사업을 펼치고 있다. 그 7차년도 사업을 위해 6개의 종가가 2016년 7월에 선정되었다. 의성 지역에서는 회당 신원록 종가가 선정되었고, 나는 그 종가의 집필자가 되었다. 경상북도와 경북대학교 영남문화연구원 그리고 연구책임자 정우락 교수에게 회당의 후손으로서 무한한 감사를 전하는 바이다.

2017년 6월
신해진

차례

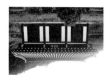

제1장 회당가의 의성 입향

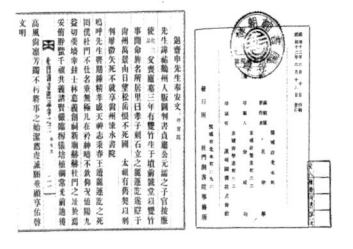

1. 회당가가 의성에 뿌리 내리기까지

　　아주리鵝洲里는 경상남도 거제군에 속한 지명이다. 이곳을 관향으로 삼은 성씨가 있으니, 바로 아주신씨鵝洲申氏이다. 그 가문에 16세기 경상도 문향文鄕으로서 의성의 중흥을 일군 회당悔堂 신원록申元祿(1516~1576)이 있다. 그는 당시 의성현義城縣 원흥동元興洞 출신이다. 원흥동은 그곳에서 고을의 원이 많이 나왔다고 하는데, 다른 곳보다 먼저 흥하였다고 하여 일컬어진 지명이라 한다. 지금은 도동리道東里라 불린다. 신원록은 이곳에서 태어나 어릴 때부터 죽을 때까지 효행이 지극하였다. 11세 때 병환 중인 아버지를 위해 수백 리나 떨어진 팔공산八公山까지 찾아가 손수 약을 구해오는 등 지극지성으로 8년간이나 형과 같이 간호하였고,

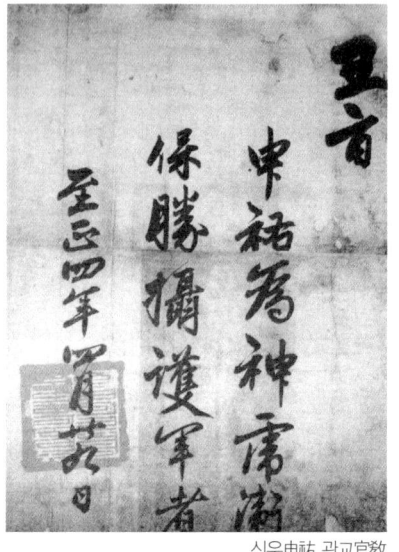

신우申祐 관교官教

58세 때에는 연친곡宴親曲 8수를 지어서 홀어머니께 불러 드려 즐겁도록 하였다. 이뿐만 아니라 61세 때 어머니가 돌아가시자 눈비를 가리지 않고 하루에 세 번씩 성묘하였는데, 시묘를 하던 중 건강이 악화되어 갑자기 죽었다. 동생이 죽자, 친형 신원복申元福(1509~1584)이 동생의 여소廬所에서 그 효행을 절절히 기록한 「효우록孝友錄」이 전한다. 사후 1615년 10월에 정려가 내려지고 통정대부 호조참의에 증직되었으며 『속삼강행실』에 실렸다.

그렇다면 회당의 이러한 효행은 어디서 근원하고 있는지, 언제부터 의성현으로 옮겨와 세거하게 되었는지 살펴볼 필요가 있

을 것이다.

　회당의 6대조 신우申祐는 현재까지 남아 전해지는 문헌상으로 볼 때 아주신씨鵝洲申氏의 존재를 세상에 알린 장본인이라고 할 수 있는데, 그의 공직생활과 효행이 두드러지게 나타나기 때문이다. 신우는 고려조에서 봉상대부奉常大夫 사헌부 장령司憲府掌令, 전라도 안렴사全羅道安廉使를 지냈던 인물이다. 그의 집안에는 그를 '지정至正 4년(충혜왕 5, 1344) 4월 29일에 신호위 보승神號衛保勝 섭호군攝護軍'으로 임명한 고려 왕지王旨가 전해오고 있다. 신호위 보승은 고려 때 수도 개경開京의 수비와 변방에 대한 국경 방위의 임무를 맡았던 중앙군의 단위부대이다. 그리고 섭호군은 고려 말과 조선 초에 사용하던 무관직으로 고려 때 2군軍 6위衛의 장군에 해당하였는데, 원나라가 고려 조정을 내정간섭하면서 원나라와 같은 직제와 호칭은 모두 바꾸도록 하는 치욕을 당하여 '장군'이란 칭호를 쓰지 못하고 개칭한 직제명이다.

　왕지란 왕명을 의미하는 것으로 전통시대의 사령장辭令狀이다. 고려 말기부터 조선 초기까지 국왕이 관원에게 내리는 각종 문서로서, 교지敎旨와 같은 의미이다. 조선시대의 교지는 많이 보이지만, 현재까지 전해지는 왕지는 흔치 않다. 조선조 초기의 왕지에는 연월일 위에 '조선국왕지인朝鮮國王之印'이라는 새보璽寶가 찍혀 있었는데, 세종 7년(1425)에 '왕지'가 '교지'로 바뀌면서 이 새보도 '시명지보施命之寶'로 바뀌었다고 한다.

신우의 유일한 유품인 고려시대 왕지가 신사렴申士廉의 16대 주손胄孫 신정환申貞煥(1951~2006)에 의해 소중하게 보존되어 왔다. 이후 민선 대전시장을 역임한 신기훈申基勳(1909~1989)에 의해 1980년 그 사본들이 집안에 배포되었으며, 2005년 1월 9일 KBS 의 "진품명품" 프로그램에 출품됨으로써 처음으로 세상에 알려졌다. 한때는 위문서僞文書로 지목되기도 하였지만, 이 유품이 고려 말기의 임명문서 체계를 고찰하는 데에 지극히 중요한 사료임이 카와니시 유야川西裕也의 「고려 말 조선 초의 임명문서 체계 재검토」(『조선학보』 220집, 2011)에서 밝혀졌다. 무엇보다도 그간 전혀 주목하지 않았던 날인 인장印章이 전서체篆書體의 파스파 문자로서 '부마고려국왕인駙馬高麗國王印'임을 해석해 내었다. 파스파 문자는 티베트 출신 파스파八思巴라는 사람이 13세기 중반 원나라 쿠빌라이 칸Khubilai khan의 명으로 만들어 바친 문자라 한다.

신우의 효성은 『신증동국여지승람新增東國輿地勝覽』의 상주목尙州牧 효자편에 수록되었으며, 권문해權文海(1534~1591)가 1589년에 집필한 『대동운부군옥大東韻府群玉』에도 그대로 옮겨져 있다. 곧, 신우는 부모를 섬김에 있어서 처음부터 끝까지 조금도 게을리 하지 않고 지극히 효성스러웠다는 것이다. 그의 아버지 판도판서版圖判書 신윤유申允濡(초명: 원유元濡라고도 함)가 죽자 3년 동안 여묘살이를 했는데, 무덤 앞에 두 그루의 푸른 대나무가 돋아났다. 사람들은 그의 지극한 효성에 천지신명이 감응하여 이루어

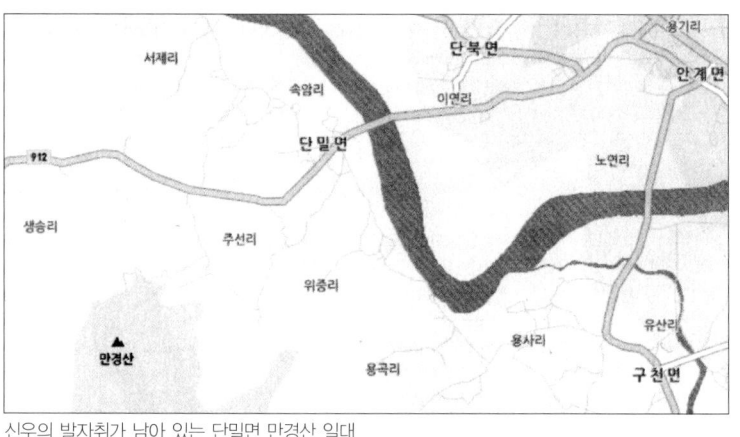

신우의 발자취가 남아 있는 단밀면 만경산 일대

진 것이라 하였고, 조정에서도 그 효행을 알고 그 마을에다 정표하여 마을 입구에 '효자리'라 새긴 표지석을 세우게 하였다. 이 효자리는 당시 상주목의 단밀현에 속했지만, 지금은 경상북도 의성군 단밀면 주선2리를 가리킨다.

　1765년에는 유허비遺墟碑가 세워졌는데, 우수한 청석靑石으로 풍화작용에도 잘 견디는 비석이었다. 그 유허비명은 채제공蔡濟恭(1720~1799)이 지었다. 6·25 때 인민군들이 비석을 노획품으로 가져가려고 옮기던 중 비신碑身의 중간 부분이 두 동강으로 부러져 옮기지 못하게 되자, 비신에 총질을 하여 여러 각자刻字를 훼손시키고는 논바닥에 버리고 후퇴하였다고 한다. 수복 후에 후손들이 복원시켜 관리해오던 중, 의성군의 지원과 지역민의 정성

신우의 유허비각

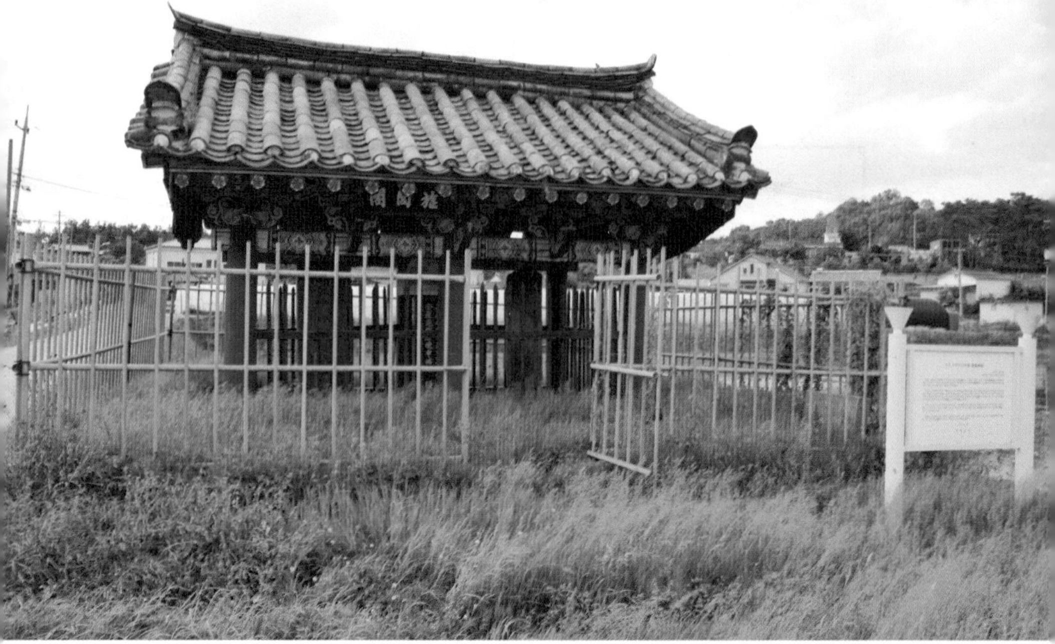

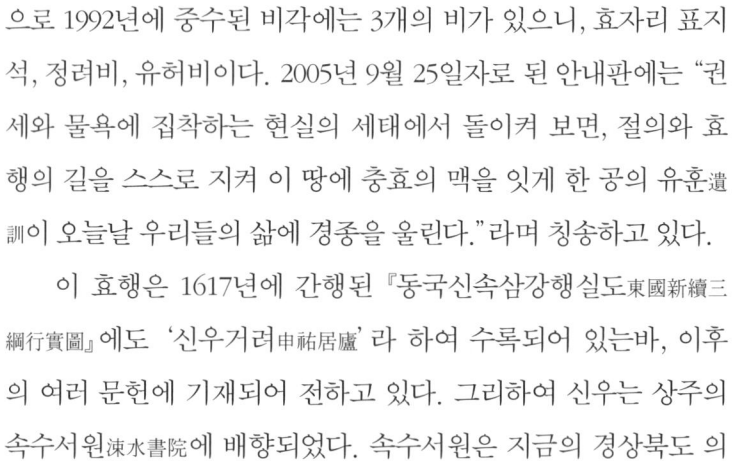

으로 1992년에 중수된 비각에는 3개의 비가 있으니, 효자리 표지석, 정려비, 유허비이다. 2005년 9월 25일자로 된 안내판에는 "권세와 물욕에 집착하는 현실의 세태에서 돌이켜 보면, 절의와 효행의 길을 스스로 지켜 이 땅에 충효의 맥을 잇게 한 공의 유훈遺訓이 오늘날 우리들의 삶에 경종을 울린다."라며 칭송하고 있다.

이 효행은 1617년에 간행된 『동국신속삼강행실도東國新續三綱行實圖』에도 '신우거려申祐居廬'라 하여 수록되어 있는바, 이후의 여러 문헌에 기재되어 전하고 있다. 그리하여 신우는 상주의 속수서원涑水書院에 배향되었다. 속수서원은 지금의 경상북도 의

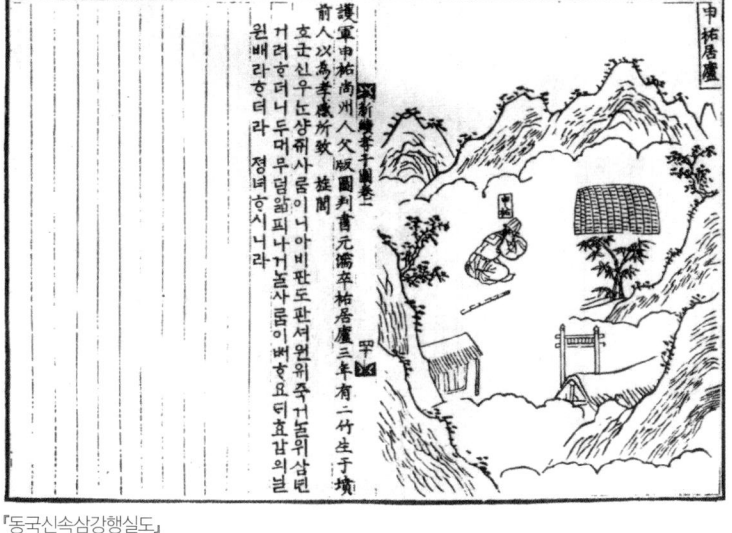

『동국신속삼강행실도』

성군 단밀면 속암리涑岩里에 있는 서원이다. 이 서원은 1509년에 손중돈孫仲暾(1463~1529)의 생사당生祠堂이 건립된 데서 비롯되었는데, 그 생사당이 임진왜란 때 소실되었다. 1656년 이를 중건하고 경현사景賢祠로 개칭하였는데, 이때부터 손중돈과 함께 신우를 배향하였다. 1703년 현재의 장소로 옮겨져 속수서원으로 개칭하였다. 1730년에 김우굉金宇宏(1524~1590)·조정趙靖(1556~1636)을 추향追享하였고, 1826년에 조익趙翊(1556~1613)을 추향하였다. 주로 선현배향과 지방교육의 중심지로 이용하였다. 그렇지만 흥선대원군興宣大院君(1820~1898)의 서원철폐령으로 1868년에 철거하였다

가 1972년에 이르러서야 복원되었다.

고려의 사직이 무너질 때 정몽주鄭夢周는 죽고 원천석元天錫
은 떠났지만 그 뜻이야 똑같았을 터, 신우도 조선 왕조가 개창되
자 그 주도세력과 이념을 달리하여 야은冶隱 길재吉再(1353~1419)와
함께 남쪽으로 내려왔다. 조선조의 신복臣僕이 되지 않고, 동해에
빠져 죽을지언정 진秦나라 백성이 되지 않겠다고 한 제齊나라 노
중련魯仲連의 높은 절개를 본받은 것이다. 이때 신우는 상주尙州
만경산萬景山으로, 야은은 선산善山 금오산金烏山으로 들어갔다.
야은은 신우의 아우 신면申勉의 딸과 결혼했으니, 그의 조카사위
이다. 조선이 개국된 후, 태조 이성계는 왕이 되기 전의 친구였던
신우를 형조판서라는 벼슬을 주며 여러 차례 불렀다. 그러나 죽
음을 무릅쓰고 끝내 뿌리쳐 응하지 않았으니, 신우는 두 임금을
섬기지 않는 절의 정신을 보여주었던 것이다. 이러한 정신은 상
주의 만경산을 두고 송경松京을 바라본다는 뜻을 붙여 망경산望京
山으로 새겼던 것으로 전해오는 데서도 잘 알 수 있다. 이처럼 그
는 이성계가 조선을 건국하자 이를 반대하고 끝까지 고려에 충성
을 바치고 지조를 지키기 위해 두문동에 들어갔던 제현들의 강직
한 정신을 그대로 지녔던 것이다.

두문동杜門洞은 개성 만수산(현 송악산) 기슭에 있는 지명이다.
이른바 두문동 72현은 이곳에 들어와 마을의 동·서쪽에 모두 문
을 세우고는 빗장을 걸어놓고 밖으로 나가지 않은 것에서 유래된

『두문동서원지』(두문동서원사무소, 1937)

것이다. 이들을 포함한 두문동 제현들이 모두 살해되어 두문동
에서 일생을 마친 것은 아니다. 이성계의 간곡한 부탁으로 조선
에 출사한 사람도 있으니 바로 황희黃喜와 같은 이가 대표적이다.
그렇지만 이들 대부분은 고려에 대한 절의 내지 신의를 지켰는
데, 유학을 배운 지식인으로서 자신의 신념과 배운 바를 실천하
고자 한 사람들이었다. 이들은 후세에 절의의 표상으로 숭앙되
었고, 1783년(정조 7)에는 왕명으로 개성의 성균관成均館에 표절사
表節祠를 세워 배향하게 하였다.

신우는 84번째로 두문동서원杜門洞書院에 봉안되었으니, 그

봉안문奉安文은 이러하다.

선생은 이름이 우祐이고 관향이 아주인데, 판도판서版圖判書였던 정숙공貞肅公 원유元濡의 아들로서 벼슬은 안렴사安廉使(종3품)를 지냈다. 부친상을 치르고 3년간 여묘살이를 했는데, 무덤 앞에 쌍죽雙竹이 돋아나자 당堂을 쌍죽이라 부르니, 조정이 이 일을 알고 정려비旌閭碑를 내리면서, 살고 있는 마을에다 '효자리'라 새긴 돌을 세우도록 하였다. 고려가 망하자 상주尙州 만경산萬景山으로 은둔하였는데, 날마다 송악松岳을 바라보며 고려를 위해 죽지 못한 것을 한스러워 했다. 조선조 태조太祖가 임금이 되기 전의 친구였던지라 여러 번 형조판서刑曹判書로 불렀으나 죽기로 맹세하고 나아가지 않았다. 상주 속수서원涑水書院에 배향되어 있다.

오호라! 선생은 때에 응하여 나온 이로 정기를 모아 태어났으니, 효성은 천신天神을 감동케 하였고, 지조는 춘왕일통春王一統의 대의를 지켰었어라. 고려의 운명이 다하여 망하자 죽음을 무릅쓰고 망복罔僕의 의리를 지키려고, 문을 닫아걸고는 벼슬길에 나아가지 않았으니 그 명성이 후세에 길이 전하네. 무릇 벼슬아치들이야 누군들 흠모하여 우러르지 않겠는가마는, 하물며 난세를 만나 더더욱 간절히 어진 이를 사모함에랴. 다행히 이렇게 사림士林들이 의로운 이를 사모하여 사당을 창건

하니, 두문동 유지遺址엔 새 사당이 빛나고 빛나는구나. 어느
덧 진실로 봉안奉安하기에 마땅하여 제수를 올리오니 천년토
록 흠향하옵고, 절의를 함께한 제현들도 엄연히 성대한 의식
에 임하소서. 강상綱常을 배식하면서 선현을 빛내고 후세를 이
끌어 주었나니, 높은 풍도는 여전히 늠름하고 훌륭한 행적도
썩지 않고 우뚝하여라. 비로소 이제야 제사를 받들려고 깨끗
이 잔과 제수를 경건하고 정성스레 갖추었으니, 바라건대 흠
향하시고 문명성대를 도와서 계도해 주옵소서.

　　이러한 퇴재 신우의 사적들을 기록한 『퇴재실기退齋實紀』가
2권 1책의 목활자본으로 1908년 신돈식申敦植(1848~1932)에 의해
간행되었다. 책머리에 김도화金道和와 16세손 신돈식이 쓴 서문
및 신씨세계申氏世系가 있고, 책 끝에 류도헌柳道獻이 쓴 발문이 있
다. 그런데 내용이 모두 일반문집에서는 부록에 해당하는 것이
라 할 수 있으니, 공이 지녔던 절의정신으로 말미암아 철저히 은
둔하려 했던 데서 비롯된 것이라 하겠다. 그렇지만 낭중지추囊中
之錐라 했던가. 그의 효행과 절의는 노魯나라 군주 때문에 숨기던
습속에 얽매여 감히 세상에 크게 드러나지 않았으나, 사가史家들
이 수록한 후에는 현인賢人들이 기술하여 저절로 사람들에게 알
려지는 바가 되었다. 300여 년이 지난 1628년 우복愚伏 정경세鄭
經世(1563~1633)에 의해 실기實記로서의 묘표墓表가 지어졌고, 1765

년 번암樊巖 채제공蔡濟恭(1720~1799)에 의해 유허비명遺墟碑銘이 지어졌다. 누에 실을 뽑아내는 여인네와 같은 뛰어난 필치로 써서 족히 백세토록 증거하여 믿을 수 있게 되었으니, 어찌 문적文籍이 없고 전해지지 않음을 한하겠는가.

신우는 김성미金成美를 사위로, 길재吉再를 조카사위로, 이맹전李孟專(1392~1480)을 외손서로 삼으면서, 상주와 선산 일대가 강직한 절의와 사림의 고장으로 자리를 잡는 데 수좌首座 역할을 했을 것으로 짐작된다. 김숙자金叔滋(1389~1456) · 김종직金宗直(1431~1492) 부자의 정신적 사부가 바로 길재였음을 상기한다면 더욱 그러하다. 따라서 회당은, 아주신문鵝洲申門을 세상에 빛을 보게 하였을 뿐 아니라 효행과 절의라는 가풍을 세운 신우의 유훈遺訓을 좇아서 몸소 실천한 것이라 하겠다.

회당이 실천한 효행의 근원이 이러하다면, 회당가는 언제부터 의성에 들어와 삶의 터전을 일구었을까.

회당의 증조부이자, 신우의 증손자인 신석명申錫命이 생원 시절에 거주지를 당시 상주목尙州牧 단밀현 관동리館洞里에서 의성현 원홍동元興洞으로 옮기면서부터 자손들이 의성현 원홍동에 세거하는 계기가 마련되었다. 신석명은 언양 현감彦陽縣監을 지낸 신사렴申士廉과 안동권씨安東權氏 사이에 상주목 단밀현 관동리에서 태어났다. 관동리는 당시 상주 단밀현의 현청 소재지로 관아가 있는 마을이라 하여 붙여진 지명인데, 지금의 의성군 단밀면

주선리注仙里이다. 그의 묘갈명에 의하면, 어려서부터 경서經書에 밝고 행실이 반듯하였다고 한다. 때마침 사마시司馬試에서 '유월 중계有月中桂(달 속의 계수나무)'라는 시에 대해 사운시四韻詩로 차운 하라는 과제科題가 걸리자, 그는 다음과 같이 지었다고 한다.

누가 영롱한 계수나무를	誰把玲瓏樹
옮겨 와서 토끼 궁전에 심었나.	移來種兔宮
그림자 천리 밖까지 드리웠고	影分千里外
향기는 둥그런 달을 꿰뚫네.	香透一輪中
잎 따기도 값으로 따질 수 없는 것이지만,	採葉知無價
가지 붙잡기는 공 이루기를 바라는 것이리라.	攀枝願有功
어느 때에 먼저 가지를 꺾어서	何時先折得
일산 기울이며 푸른 하늘을 들썩일꼬.	傾蓋拂青空

마지막 두 구에서 장원급제자의 모습을 형용하였는데, 그는 이 시로 사마시에 급제하여 성균관 생원에 뽑혔다. 그가 평생 저 술한 것으로 전해지는 것은 이 1편의 시뿐이라고 한다. 참으로 안타깝기 그지없지만, 현재로서는 그의 발자취에 대해 더 이상 알 수가 없다. 그렇다 하더라도 조선조 세종世宗 때 아주신씨 최 초로 사마시(생원)에 합격한 신석명이 의성현 원흥동으로 이주하 면서 아주신가의 의성 입향조入鄕祖가 된 것은 명백하다.

의성은 어떤 곳인가? 의성에 대한 당시의 자료가 풍부하지 않아 자세히 서술할 수 없다. 다만 오늘날의 의성을 간략하게 기술하는 것으로 대신한다.

의성義城은 예로부터 의義와 예禮를 숭상하고 선비정신을 지켜온 유서 깊은 고장이다. 의성읍에는 진주의 촉석루矗石樓, 밀양의 영남루嶺南樓, 안동의 영호루映湖樓와 함께 교남사대루嶠南四大樓, 즉 영남지방의 4대루 중에서도 창건연대가 가장 오래된 문소루聞韶樓가 병풍처럼 드리운 구봉산 끝자락에 우뚝 서 있다. 그 지명은 임금을 위해 목숨 바친 이의 의로운 죽음을 기린 것이다. 후삼국 쟁패기 때인 929년, 후백제의 견훤이 군사 5,000명을 거느리고 이곳을 침범하자 맞서 싸우다 죽은 이가 바로 성주城主 김홍술金洪術이다. 그는 원래 신라 말 진보현眞寶縣의 촌주 출신이었지만 922년에 고려 왕건에게 귀부한 인물이다. 고려의 태조 왕건은 그의 죽음에 대해 자신의 양팔을 잃은 것과 다름없다면서 몹시 비통해 하고 그의 충절을 기리고자 지명을 내렸던 것으로 전해진다. 문소聞韶라 일컬어지던 곳을 왕건이 940년에 부府로 승격시키고 '의성'이라는 지명을 내렸던 것인데, 이 지명이 오늘에까지 이르고 있다.

이러한 지명 유래를 지닌 의성군義城郡은 경상북도 중앙에 동서로 길게 위치해 있는 군이다. 지도에서 보듯, 행정구역으로는 1개 읍, 17개 면, 400개 행정리(182개 법정리)가 있다. 군청은 경

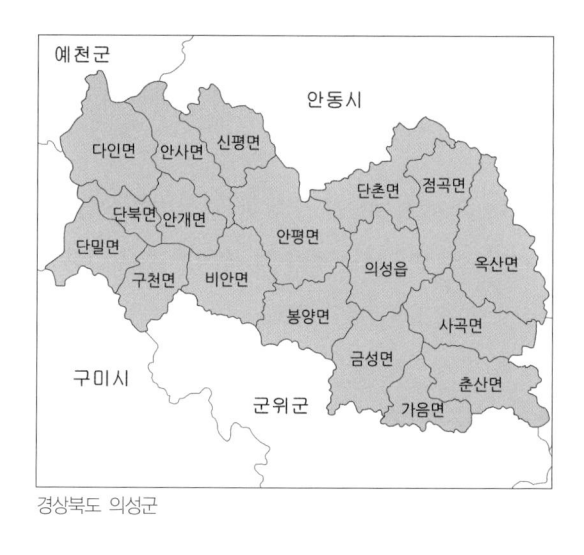

경상북도 의성군

상북도 의성군 의성읍 후죽리에 있다. 동쪽은 황학산·구무산 등 높은 산지를 경계로 안동시·청송군과 접하고, 서쪽은 상주시와 접하고, 남쪽은 만경산·청화산·선암산 등의 산지로 군위군·구미시와 경계를 이루고, 북쪽은 삼표당·갈라산 등으로 안동시·예천군과 접하고 있다.

　의성군은 경상북도 내륙 산간 지역에 위치하고 있는 군으로, 겨울에는 춥고 여름에는 몹시 무더워 연교차와 일교차가 심한 대륙성 기후를 나타내며, 강수량은 적은 편이다. 주요 산물로는 쌀과 고추, 마늘, 잎담배, 사과, 송이버섯 따위가 있는데, 특히 천혜의 자연환경 속에서 수확하는 마늘과 고추, 사과가 품질이 좋기

로 유명하다. 그중에서도 마늘은 '6쪽마늘'로, 사과는 '의성능금'으로 전국에 소문나 있다.

경상북도 중앙에 자리잡은 지리적 여건으로 말미암아 의성군은 중앙선 철도가 금성면·의성읍·단촌면을 남북으로 관통하고, 중앙고속도로가 봉양면·안평면을 통과하면서 봉양면 도원리에 의성 나들목이 있다. 그 밖에 국도와 지방도가 사방으로 도로망을 이루고 있어 사통팔달의 교통망이 갖추어져 있다.

이러한 의성 고을에 신석명의 증손자 신원복申元福 (1509~1584), 신원록(1516~1576) 형제가 세거할 터전의 기반을 마련하였다. 특히 회당은 신재 주세붕周世鵬을 사사하고 퇴계 이황李滉과 남명 조식曺植을 종유하여 성리학을 연구한 학자로서 이름을 날렸으며, 효행이 뛰어나 효자 정문이 세워졌다. 또한 김안국金安國(1478~1543)을 제향하고 학문진흥에도 이바지하고자 장천서원長川書院을 14년 만에 세우기도 했다. 이 서원은 1576년 사액賜額을 받은 서원이었는데, 임진왜란 때 소실되자 빙산사氷山寺 옛터로 옮겨 지어 지금은 빙계서원氷溪書院으로 불리게 되었다.

이처럼 회당이 마련한 기초와 바탕 위에서, 회당의 첫째 아들 신심申伈(1547~1615)과 둘째 아들 신흘申仡(1550~1614)을 비롯하여 신심의 둘째 아들 신영도申泳道(1580~1646), 셋째 아들 신지도申志道(1582~1642), 그리고 신흘의 세 아들 신적도申適道(1574~1663), 신달도申達道(1576~1631), 신열도申悅道(1589~1659) 등은 모두 여헌 장현

광張顯光(1554~1637) 같은 영남 거유巨儒로부터 가르침을 받을 수 있었다. 신흘의 세 아들은 모두 진사시에 급제하였으며, 그중에서 신달도와 신열도는 연이어 대과大科에도 급제하였다. 이들 중에 신심은 사헌부 감찰司憲府監察을 지냈으며, 신흘은 과거공부를 폐하고 정주학에 몰두하다가 1603년 조정의 명으로 『난적휘찬亂賊彙撰』을 지어 편수청編修廳에 올렸다. 신흘의 첫째 아들 신적도는 학문과 효행이 뛰어났고 찰방察訪을 지냈으며, 둘째 아들 신달도는 삼사三司를 역임하고 장령掌令을 지냈으며, 셋째 아들 신열도는 장령을 거쳐 능주綾州 목사를 지냈다. 이처럼 회당의 아들들과 손자들 모두가 여헌의 문인이었던 데 반해, 유일하게 신심의 첫째 아들 신상도申尙道(1570~1625)는 여헌의 문인이 아니었던 것 같다. 그렇지만 그는 음직으로 군자감 판관軍資監判官을 지냈다.

나라가 어려움에 처할 때면 어떻게 해야 하는지를 실천으로 보여준 것이 또한 회당가이기도 하다. 회당의 아들 신심과 신흘은 임진왜란이 일어나자 안동부 일직현一直縣에서 김해金垓, 정세아鄭世雅, 유종개柳宗介 등과 왜적을 토벌하기로 결의하고 의병을 일으켜 의병장이 되었다. 특히 의병 간에도 흔치 않은 전략인 연합전선을 펼치자고 띄웠던 서신이 조경남趙慶男(1570~1641)이 편찬한 『난중잡록亂中雜錄』에 익명의 서신으로 수집되어 있기도 하다. 신적도는 정묘호란과 병자호란 때 의병을 일으켰고 병자호란 당시의 상황을 기록한 「창의일록倡義日錄」이 있으며, 신달도는 정묘

호란 때 인조仁祖를 강화도로 호종하였고 그 당시 상황을 기록한 「강도일록江都日錄」이 있으며, 신열도는 직언直言으로 유명하고 병자호란 때 인조를 남한산성으로 호종하여 김상헌金尚憲의 『남한기략南漢紀略』 호종문신扈從文臣 명단에 기록되어 있기도 하다.

이렇듯 향촌사회의 학문진흥에 힘쓰고 국난극복 등에 앞장섬으로써, 회당가悔堂家는 16·17세기의 의성 지역에서 온전히 뿌리를 내려 유명 양반사족 가문으로 번성할 수 있었던 것으로 보인다.

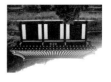

제2장 회당종가의 인물

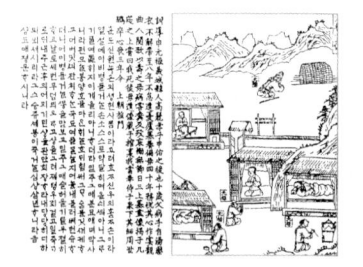

1. 문향으로 의성을 일군 회당 신원록

　　신원록申元祿(1516~1576)의 자는 계수季綏, 호는 회당悔堂이다. 고려조에 전라도 안렴사를 지낸 신우申祐의 6세손이다. 회당의 고조는 언양 현감을 지낸 신사렴申士廉이고, 증조는 생원 신석명申錫命이며, 조부는 교수敎授를 지낸 신준정申俊禎이다. 부친은 신수申壽이며, 모친은 주부主簿를 지낸 의흥박씨義興朴氏 자검自儉의 딸이다.

　　회당의 삶에 대해 어떤 관점으로 바라보며 평가하였는지, 후인들의 글을 살펴보기로 한다. 다음의 글은 18세기 영남지방 문원文苑의 모범이며 세교世敎를 떨쳤던 눌은訥隱 이광정李光庭(1674~1756)이 1739년 9월 26일에 쓴 『회당선생문집悔堂先生文集』

서문의 첫머리이다.

성현의 글을 읽으면 한 구절이라도 제대로 알기가 드물다. 공자孔子께서 일찍이 "자제들은 집에서 부모에게 효도하고 밖에서 어른에게 공손해야 하며, 언행을 삼가서 미덥게 하고 널리 여러 사람을 사랑하되 어진 이를 가까이 할 것이며, 이를 행하고도 여력이 있으면 곧 글을 배울 것이다."라고 말씀하셨는데, 이 말씀은 얼핏 보기에는 얕고 가까운 듯하지만, 궁구하여 논한다면 평생 동안 해야 할 일이 모두 그 안에 있다. 비록 세상에서 일컫는 학덕이 높은 선생이라 할지라도 그것을 완전히 실행할 수 있는 자는 역시 많이 볼 수 없을 것이다. 이 못난 내가 근래에 회당晦堂 신 선생의 유고, 선생의 형님이신 참봉공參奉公(주: 신원복申元福)이 편한 「효우록孝友錄」을 읽어 보니, 아! 선생은 그것을 완전히 실행한 분이셨도다. 선생의 지극한 행실은 비록 학력學力을 연마하여 확충한 것이기는 하나 대체로 타고난 성품이었다.

이광정이 회당의 삶을 평가한 관점은 이황李滉이 1568년 선조宣祖에게 올린 상소문 「무진육조소戊辰六條疏」에 나오는 "효는 온갖 행실의 근원이 되니, 한 가지 행동이라도 어그러지는 것이 있으면 참된 효도가 될 수 없는 것이다[孝爲百行之源, 一行有虧, 則孝不

得爲純孝矣]."라는 글귀에 맞닿아 있다. 하기야 효에 대해서 『좌전
左傳』에서는 "예의 시작이다[禮之始也]."라고 하고, 『국어國語』에서
는 "덕행의 원천이다[文之本也]."라고 하고, 『논어論語』에서는 "효
도와 공경은 바로 인을 실천하는 근본이다[孝悌也者, 其爲仁之本與]."
라고 하였으니, 모든 행실의 근본이 효인 것은 말할 필요가 없었
을 수도 있다. 그러나 이광정은 이황이 언급한 "한 가지 행동이
라도 어그러짐이 없이 효를 실천하는" 어려움을 말하기 위해 위
와 같이 말한 것이리라.

　　사람이 어려서는 부모를 사모하다가도 혈기가 쇠하면 뜻도 따
　　라서 나태해지기 때문에, 맹자孟子가 '위대한 순舜임금은 50이
　　되어서도 부모를 사모했다'고 한 것이다. 선생이 모부인의 병
　　을 수발한 것은 60세 때로 밤낮으로 앉아 껴안고서 모시기도
　　하며, 대변을 맛보고 (돌아가실 줄 알고) 하늘을 우러러 울부짖
　　더니, 돌아가시게 되자 어린아이처럼 곡하였다. 이 못난 내가
　　「효우록」을 읽다가 이 대목에 이르면 눈물이 나고 목이 메여
　　차마 다시 읽을 수가 없었는데, 맹자로 하여금 선생을 논하게
　　한다면 어찌 '이 사람도 위대한 순임금의 무리로다'고 말하지
　　않을 수 있으랴. 군자의 도리는 중용을 귀하게 여기나, 효자가
　　어버이를 섬김은 스스로 그 지나침을 알지 못하나니, 선생의
　　행실이 혹여 지나치다고 의심스러울 수도 있지만 그 모든 것

이 스스로 그칠 수 없는 지극한 심정에서 나온 것이다. 공자가 안연顔淵의 죽음에 통곡을 하고는 오히려 "통곡을 했던가?" 했으니, 아마도 지나쳤다고 여기지 않은 것이리라.

효란 온갖 행실의 근원이라 사람이 큰일 하는 것에도 정성을 다할 수 있으니, 온갖 행실이 그로 말미암아서 나오는 것이기 때문이다. 선생은 형을 섬기는 데 아우로서 할 일을 다하고, 집에서는 화기和氣롭게 하는 데 극진하였고, 먼 일가붙이와 고을 사람과도 돈독하였으니, 매사를 삼가고서 신의를 얻고 널리 사람들을 사랑하였음을 알 수가 있다.

또 능히 학업을 극력 궁구하며 도가 있는 이에게 가서 질정하였다. 향약鄕約을 세우고 업유재業儒齋를 설치하고 서원書院을 창건함은 사문斯文을 일으켜 세우는 것을 자신의 임무로 삼았던 것이니, 이것은 단지 천성에서 나온 것만이 아니라 학력學力에 힘입은 것이 큰 것인데, 학문을 좋아하고 행실이 돈독한 군자라고 이를 수 있을 것이다.

윗글에서 보듯, 이광정은 지극한 효행을 실천한 회당을 순舜 임금의 무리로 보았는가 하면, 공자가 안연의 죽음에 통곡한 것을 빗대어 혹여 회당의 효행이 지나치다고 생각할 수도 있는 여지조차 갖지 못하도록 하였다. 회당이 모든 행실의 근원인 효를 실천함으로써 여러 큰일을 실행할 수 있었다고 보았던 것이다.

형제간의 우애, 집안 간의 돈목敦睦, 학문 도야, 문향으로서 의성의 중흥 등을 꾀할 수 있었던 것은 바로 그 효행을 온전히 실천했던 마음에서 나온 사례라 보았던 것 같다. 그래서 그는 회당을 학식이 높고 행실이 어진 '군자君子'라 칭하는 것으로 마무리하고 있다.

이제 회당의 형인 신원복이 1576년에 쓴 「효우록」, 6세손 신정모申正模(1691~1742)가 1740년에 엮은 「연보年譜」와 『회당선생문집』을 참고하여 회당의 삶을 살피기로 한다.

1) 지극한 효행과 남다른 형제애

흔히들 효는 '자신의 근본에 대한 보답'이라 하기 때문에 살아생전은 물론 돌아가신 후에까지 지속해야 하는 행실이다. 주자朱子는 「대학장구大學章句」의 서序에서 "사람이 태어나 8세가 되면 왕공王公에서 서민의 자제에 이르기까지 모두 소학小學에 들어간다. 그들에게는 물을 뿌려 바닥을 쓸고, 손님을 응대하며, 나아가고 물러서는 예절 등을 가르친다."라고 하였다. 여기에는 어린 아이에게 가르쳐야 할 것이 처신하는 절차부터 인간의 기본 도리에 이르기까지 망라되어 있다. 특히 그가 엮은 『소학』에는 황향黃香이 여름에 아버지의 머리맡에서 부채질한 것, 육적陸續이 어머니를 위해 귤을 품에 넣어 와서 드린 것, 자로子路가 멀리에서

쌀을 져다가 부모를 봉양한 것 등이 있는데, 이러한 이야기를 들려주어서 곧 그 도리를 깨치게 하려는 의도였을 것이다. 효행을 영원토록 사람의 자식으로서 실천해야 할 행동으로 삼고자 한 것이리라.

회당은 그 효행이 어릴 때부터 드러났다. 어려서부터 총명하고 의지가 굳었으며 행실이 도타웠고 어질었다. 7세부터 『소학』을 배우기 시작했는데, 절반 정도 읽고 난 뒤 "사람의 자식으로서 어버이를 섬기는 도리는 바로 이 책에 있도다."라고 탄복하였다고 한다. 번거롭게 공부하라는 소리를 하지 않아도 날마다 더욱 정독하여 한마디의 말이나 하나의 행동이라도 모두 그대로 실행하려 했다.

부친 신수申壽(1481~1533)는 본디 중풍을 앓고 있어서 날씨가 추워지면 더욱더 심해졌는데, 사람들이 "팔공산八公山에 영험한 약초가 있다"라고들 했다. 11세 때 이 말을 들은 회당은 어느 날 직접 팔공산에 가서 약초를 캐어 돌아왔다. 그리고 유능한 의원을 찾아가서 그 약초를 조제하게 하여서는 달여 올렸더니, 부친의 병세가 조금 호전되었다. 이를 본 사람은 감탄하지 않는 이가 없었다. 밤낮으로 걱정하여 곁을 떠나지 아니하고 보살피며 받드는 것이 극진하지 않음이 없었다. 일찍이 화로에다 작은 솥을 걸어두고서 탕약과 미음을 올릴 때, 손수 직접 끓였지 남에게 맡기지를 않았다고 한다.

13세 때인 1528년 어느 날, 부친이 "내 병은 하루아침에 나을 병이 아니거늘, 공연히 너로 하여금 책 읽어야 할 시기를 빼앗는구나."라고 하였다. 부친 신수는 뜻이 크고 지조가 있었는지라, 혼탁한 시류와는 타협하기를 탐탁지 않게 여겼다. 1504년 경기전 참봉慶基殿參奉에 제수되었으나 나아가지 않았으며, 1506년에도 헌릉 참봉獻陵參奉에 제수되었으나 또한 나아가지 않았다. 오로지 남모르게 덕을 베풀고 고요히 수양하며 후진들을 가르치는 것을 일삼을 뿐이었다. 그렇지만 자식이 책 읽어야 할 시간을 빼앗는 것에 안쓰러워한 것을 보면, 자신의 아들은 출세를 했으면 하는 바람이 있었던 모양이다. 이에 회당은 부친의 마음을 모를 리 없지만 온순한 말로 "어버이 약 시중을 돌보는 데는 진실로 독서할 겨를이 없어야 하옵니다. 또한 행한 다음에 남은 힘이 있거든 글을 배우라는 옛사람의 가르침에도 부합하지 않사옵니다."라고 대답하였다. 이렇듯 학문이 부모에 대한 자식의 도리를 다하는 효에 앞설 수 없다고 하면서도 부친의 뜻을 어기지 않으려고 했으니, 때때로 곁에서 책을 펼쳐 읽는데 소리를 내지 않았다.

부친의 약탕 시중을 드는 데 조금도 게으르지 않았다. 밤에도 눈을 붙이지 않고 옷의 띠를 제대로 풀지 않은 것이 무릇 8년이 되었다. 정성어린 간호에도 불구하고 회당이 18세 때인 1533년 2월에 부친은 임종하였다. 이에 회당은 물 한 모금도 입에 대지 않고 식음을 전폐하여 기절했다가 깨어나기를 서너 차례나 반

복했다. 그러다가 정신을 가다듬고 부친의 시신을 씻긴 뒤 수의를 갈아입히고 염포殮布를 묶는 등의 절차는 한결같이 『문공가례文公家禮(주: 주자가례朱子家禮)』 등을 좇아서 도리에 어긋남이 조금도 없도록 했다. 장례를 집전執典하는 사람이 명정銘旌을 쓰기 위해 부친의 직함職銜을 써달라고 하자, 회당은 눈물을 흘리면서 "내가 듣건대, 이미 돌아가신 분의 제사 모시기를 살아계신 분을 섬기듯이 한다고 하였으니, 아버님께서 평소에 직함 쓰는 것을 원치 않으셨는데 차마 장사 치르는 즈음이라 해도 어찌 쓰리오?"라고 하며 '처사處士'로 쓰게 하였다. 이 때문에 아주신문鵝州申門에서는 회당의 부친을 처사공處士公이라 일컫는다. 그해 11월, 처사공을 팔지산八智山의 양지바른 곳에 안장한 후로 묘소 옆에서 여묘살이를 하다가 집에 들어와서는 어머니를 위로하고 나와서는 반드시 머리에 두르는 테와 허리에 두르는 띠를 풀지 않고 산소를 살피며 슬피 곡하였다. 비바람이 불거나 또는 춥거나 더워도 멈춘 적이 없었다. 부친의 3년상을 마치고도 슬퍼하고 사모함이 여전히 간절하여 한 달을 넘긴 뒤에야 비로소 집으로 돌아왔다. 그럼에도 회당은 지석誌石을 함께 묻지 못하고 장사지낸 것을 늘 한스럽게 여겼는데, 뒷날 그의 나이 30세 때 스승 신재愼齋 주세붕周世鵬(1495~1554)에게 묘지문墓誌文을 청하여 얻어냄으로써 한을 풀기도 하였다.

부친의 여막에서 집으로 돌아왔을 때, 회당의 나이 겨우 20

세였다. 그는 홀로 남은 모친을 지극정성으로 모셨다. 모친 의흥박씨義興朴氏(1483~1575)는 주부主簿 박자검朴自儉의 딸이자 군수郡守 박유창朴惟昌의 손녀다. 매일 새벽에 일어나 문안드리고 온화한 얼굴빛으로 순종하여 모친이 즐겁고 편안하게 지낼 수 있도록 심혈을 기울였다. 여름엔 베옷, 겨울엔 갖옷을 계절에 조금도 어긋남이 없도록 하고, 주무시는 방의 온기가 가시지 않도록 덥힐 때도 땔나무가 적당한지 몸소 살펴 행하였다.

25세 때에 벽진이씨碧珍李氏와 결혼하였다. 벽진이씨는 병절교위秉節校尉 이지원李智源의 딸이자 경은耕隱 이맹전李孟專의 증손녀인데, 시어머님을 효성스럽게 모셨다. 회당의 뜻만 못할까 걱정하면서 시어머님이 나이가 들어 늙으시자 자신의 젖을 먹이기까지 하니, 사람들은 당唐나라 최산남崔山南 집안의 수범垂範에 견주곤 했다. 최산남의 증조할머니 장손長孫부인이 나이가 많아 치아가 없었는데, 할머니 당唐부인이 시어머니를 효성스럽게 모셨다는 당씨유고唐氏乳姑 고사를 일컫는다. 아침마다 머리 빗고 검은 비단으로 머리를 묶고 비녀를 꽂은 다음 시어머니의 처소에 나아가 섬돌 아래서 절하고는 곧바로 마루에 올라 시어머니에게 젖을 먹였다. 장손부인은 수년 동안 곡식을 먹지 않았지만, 건강하고 편안할 수 있었다. 하루는 장손부인의 병이 위독하자 어른과 아이들이 모두 모였다. 장손부인은 "나는 며느리의 은혜를 갚을 길이 없다만, 며느리의 자식과 손자들이 모두 며느리처럼 효

도하고 공경했으면 좋겠구나. 이렇게 된다면 최씨 집안이 어찌 번창하고 커지지 않겠는가?"라고 말했다.

이 부부의 효성은 회당의 외예손外裔孫 대산大山 이상정李象靖 (1711~1781) 집안에도 전해온다. 이상정의 할머니는 회당의 손자 신달도申達道의 아들 신규申圭(1611~1656)의 딸이었으니, 회당의 현손녀이다. 그 할머니로부터 전해들은 이야기를 대산이 손수 기록한 것이다.

> 선생은 어머니를 섬김이 지극히 효성스러웠다. 일찍이 들에서 땔나무를 하여 부모님 부엌에 가져다 드리려는데, 어떤 노인이 땔나무를 저 와서 풀어놓으니, 선생은 자신이 한 것이 아니라면서 사양하고 마침내 억지로 주려고 하자 홀연 사라져 버렸다.
>
> 선생의 부인 이씨李氏도 또한 시어머니를 섬김이 효성스러웠다. 시어머니가 연세도 많으시고 이빨도 없으시니, 이씨는 날마다 그 시어머니께 자신의 젖을 먹이기까지 했다. 일찍이 실을 짜서 요를 만들고자 했는데, 어떤 아름다운 여인이 어디서 왔는지 1단段을 다 짜고는 가버렸다.

이는 회당 부부의 지극한 효행에 하늘도 감동했음을 보여주려는 이야기일 터이다.

31세 때에 장인 이지원의 상을 당하자, 회당도 사위로서의 도리를 다하였다. 이지원이 후사後嗣 없이 죽자, 관곽棺槨을 갖추어서 장례를 치르며 도리와 예의를 다하였고, 또한 사람을 가려서 후사를 세워 장인의 제사가 끊어지지 않게 하였다.

회당의 나이 38세 때인 1553년 가을에 흉년이 들자, 굶주린 사람들을 구휼하는 것을 군자가 해야 할 일로 여기고 한양에 그 해결책을 진언하러 갔다. 이때 한양에서 어머니 생각에 눈물 흘리며 지은 시가 있으니, 다음과 같다. 회당은 자나 깨나 어디를 가든 어머니 생각뿐이었던 것 같다.

> 남쪽으로 의성을 바라보며 문안한 것이 몇 번이던고
> 하늘가에서 고개 돌리니 객수客愁만 새삼 밀려오네.
> 상심하여 밤새도록 난간에 기대어서 눈물 흘리나
> 백발의 어머니를 꿈속에서나 자주 뵐 수밖에.
> 南望聞韶問幾許　回頭天際客愁新
> 傷心一夜憑軒淚　白髮慈顔入夢頻

모친의 나이가 80세 넘었을 때, 회당은 홀어머니가 장수하는 것을 무엇보다 큰 보람으로 여겨 1568년에 동쪽 언덕에다 따로 초가 3칸의 양로당養老堂을 지었다. 주변에 여러 가지 기이한 화초들을 심고서 모친을 모시고 날마다 그곳에 거하며 아침저녁으

로 문안하고, 따뜻한지 서늘한지를 살펴드렸다. 모친의 늙음은 사람의 힘으로 어찌할 수 없었으나, 모친의 마음을 위로하고 기쁘게 할 수 있는 것이면 온 힘을 다하여 마련하였다. 매양 좋은 계절이면 모친을 모시고 형님과 함께 연친곡宴親曲 8수를 부르며 술잔을 올렸으니, 부모를 오래 모시고 싶어 세월이 가는 것을 애석히 여기는 효성[愛日之誠]을 나타내고, 형제들끼리 천륜의 즐거움[天倫之樂]을 폈던 것이다. 아쉬운 것은 그 연친곡 8수가 일실되어 전하지 않는다는 것이다. 또 일찍이 생신을 축하드리는 자리에서 즉석으로 다음의 절구시絶句詩 1수를 읊기도 하였다.

시름겨운 생애 원망도 탄식도 말지니	愁裏生涯莫怨嗟
우리집의 한 가지 즐거움이 가장 자랑일러라.	吾門一樂最堪誇
칠순의 우리 형제가 색동옷을 입고서	七旬兄弟斑衣處
백세 어머니 기쁘게 하는 집 얼마나 될꼬.	百歲慈親有幾家

이 시는 1984년부터 시작하여 1988년에 이르러 제막된 회당선생 사적비悔堂先生事蹟碑의 후비後碑에 새겨졌다. 후비는 1987년에 건립되었는데, 그 시를 사모영언시思母永言詩라 칭하여 세운 시비詩碑이다. 다음 면의 사진은 바로 그 모양이다.

그리고 매양 음식을 올릴 때면 반드시 두 품品을 갖추어서는, 모친께 주시고 싶은 곳이 있는가를 여쭈어서 주었다. 또 모친

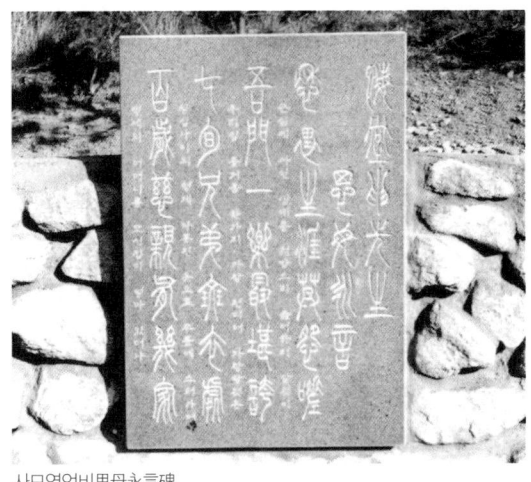
사모영언비思母永言碑

을 한 번이라도 기쁘게 하는 자가 있으면 반드시 후하게 사례하였다. 모친께서 입으셨던 속옷은 나무통을 만들어 거기에 담아 두게 하여 손수 애벌빨래를 하고 난 다음에야 남에게 빨게 했고, 변기도 역시 손수 씻고 남에게 시키지 않았다.

지극한 효성에도 불구하고 모친은 끝내 병으로 누웠다. 회당은 59세였지만 밤낮으로 애쓰느라 어찌할 줄 모르면서 겹으로 된 요를 깔아드리고도 또 흰 솜이나 보드라운 털과 같은 보드랍고 부드러운 것으로 깔아드렸으며, 몸소 두꺼운 옷을 입고 모친을 안고서 모시기를 날로 더욱 정성껏 하였다. 모친이 그 노고를 안타깝게 여기자, 깜짝 놀라며 "자식의 직분에 실로 당연한 일이

거늘 무슨 수고로움이 있겠사옵니까?"라고 하였다. 그 다음해 3월에 모친의 병환이 조금 차도가 있자, 회당은 동편 언덕에다 주연을 베풀었다. 박씨(주: 박계수朴桂樹)에게 시집간 누님이 와서 모친을 보살피다가 이때에 이르러 돌아가려 하자, 회당은 "모친의 병환이 다소 편안하시고 누님도 돌아가려 하는데다 이같이 좋은 철이니, 어머님의 뜻을 위로하고 기쁘게 하리라."라고 하면서 동쪽 언덕에다 주연을 베풀었던 것이다. 모친을 받들며 형님과 누님이 함께 이웃 할머니들을 맞아서 술과 음식을 갖추어 대접했다.

회당은 이때 모친의 영정을 모사하였는데, 그 영정에 대한 후지後識는 이러하다.

> 이는 나의 어머님 박씨의 영정이다. 어머님은 1483년에 태어나서서 올해로 93세이시다. 머리털이 없어진데다 등이 굽었고 허리 아래가 불편하시나, 용모와 말소리는 아직도 여전히 강건하시다. 아들 원록元祿은 60년 세월 동안 서로 생명을 의탁한 처지이니, 한편으로는 기쁘고 한편으로는 두려운 마음을 스스로 주체할 수 없는지라, 내 아들 흘仡을 시켜 촛불 아래서 본뜨게 하고 색을 얻어 그림 족자를 만든 것이다. 눈으로 실체를 보고 마음속에 간직하여 깊이 존경하고 사모함이 장차 끝이 없으리라.
>
> 1575년 3월 어느 날 아들 원록이 삼가 쓰다

회당의 절절한 효심을 뒤로 한 채 모친은 끝내 돌아가셨으니, 회당의 나이 60세 때인 1575년 6월이었다. 모친이 숨 쉬는 것이 점점 나빠져 헐떡거리자, 회당은 모친의 대변을 맛보아 병세를 판단하였고, 밤이면 하늘을 우러러 기도하였다. 바로 눌은 이광정이 눈물이 나고 목이 메여 차마 다시 읽을 수가 없었다고 한 대목이다. 그리고도 모친상을 당하여 울부짖고 가슴을 두드리며 몸부림치는 것이 하나같이 부친이 돌아가셨을 때처럼 똑같이 하였다.

　　모친의 장례를 치르는 일에 필요한 것을 극력 마련하여 정리情理와 예법禮法을 모두 다함으로써 터럭만큼의 여한도 없도록 하였다. 선친의 묘에다 합장하는 데 선생이 몸소 그 일을 하려고 하자, 형님은 동생이 쇠약해져 감당하지 못할까 염려하여 그만두도록 타일렀으나, "어버이의 상이야말로 스스로 극진히 해야 할 일이라고 했사오니, 조금도 피곤하지 않사옵니다."라고 하였다. 이때에 이르러 모친의 영정을 궤연几筵에 걸어놓고서 아침저녁으로 절하며 곡哭했는데, 마치 곁에서 모시듯이 정성을 다하였다.

　　회당은 위독한 병세에도 거적자리에서 자고 흙덩이를 베었는지라, 다른 사람의 도움이 있어야만 움직일 수 있었다. 그러나 오히려 곡전哭奠의 의식에 참여하지 못함을 애통하게 여겼다. 4월 초파일 관등절觀燈節이 되자, 장미꽃으로 전을 부치게 하여 그것을 몸소 제전에 올리고자 부축을 받아 일어나서 세수하려는데

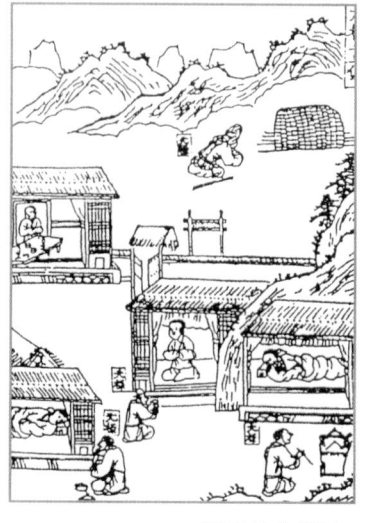

『동국신속삼강행실도』

병세가 너무나 심하였다. 자제들이 집에 가서 몸조리 하시기를 청하니, 회당은 "상중에 있는 사람은 묘 옆에서 죽는 것이 마땅하거늘 집으로 돌아가서 무슨 일을 하겠느냐?"라고 하였다. 그리하여 부인이 여막으로 찾아오자, 회당은 눈살을 찌푸리며 "여묘살이 하는 곳은 부인이 오는 곳이 아니거늘 어찌하여 오셨단 말이오?"라고 했다. 뒷일에 대해 물어도 아무런 대답을 않더니, 다만 "내 평생 어머니를 섬김에 지극하지 못한 것이 있거늘 또 마지막 보내드리는 삼년상을 치르는 효조차 하지 못하니, 이 때문에 슬프고 가슴 아프다오."라고 하고는, 곡哭을 하려고 해도 울

음소리를 낼 수가 없자 오열하며 "내가 죽거든 어머니의 영정을 내 관 옆에다 걸어두시오. 내 장차 지하에서라도 어머니를 받들어 모셔야겠소."라고 하였다. 끝내 회당은 1576년 4월 향년 61세로 여막에서 숨을 거두고 말았다.

어려서부터 아버지를 지극정성으로 모셨고 지하에서도 어머니를 모시려는 회당의 이러한 효행은『동국신속삼강행실도東國新續三綱行實圖』에 실려서 널리 전해지고 있다.

다음으로 회당의 남다른 형제애를 살펴보자. 인재認齋 최현崔晛(1563~1640)이「우애잠友愛箴」에서 "형의 뼈는 아버지의 뼈요, 아우의 살은 어머니의 살이다[兄之骨, 是父之骨, 弟之肉, 是母之肉]."라고 한바, 형제는 부모가 남겨주신 가장 큰 유산이 아니겠는가. 골육을 같이한 형제자매가 따뜻한 정을 나누며 지내는 것이 부모에게 효도하는 길이리라. 그런데 우애友愛라는 말은 형제 사이의 정情이라는 뜻도 있지만 친구 사이의 정이라는 뜻도 함께 가지고 있다. 그래서 형제 사이의 관계를 설명하려다 보니, 형제애兄弟愛라는 용어가 보다 적절하다 싶어 택한다.

회당은 돌아가신 부친이 학문에 힘쓰도록 권하신 말씀을 애통하게 사모하여 예서禮書를 읽는 겨를에 사서四書나 그 밖의 경전經典을 골라 차례차례 의리를 찾아내어서 탐구하느라 손에서 놓지 않았다. 그런 가운데 모친이 그에게 과거에 응시하도록 명

을 내렸다. 그리하여 그는 21세 되던 해 가을, 향시鄕試에 합격하였다. 그러자 모친은 다시 2년 뒤에 그에게 "너는 궁벽한 촌구석에서 늦게야 태어났으니 함께 지낼 만한 벗이 넓지 못할러라. 내가 전해 듣건대 '태학이란 곳은 어진 선비들이 모이는 곳이고, 예의를 서로 앞세우는 곳이라' 하니, 어찌 가서 본받지 않을 수 있겠느냐?'라고 일렀다. 곧 현사賢士들과 더불어 경전을 토론하며 학문과 교유의 폭을 넓히도록 하려는 의도였던 셈이다. 그리하여 회당은 서책을 싸 짊어지고 태학으로 갔다. 이때 입암立巖 류중영柳仲郢(1515~1573, 주: 서애 류성룡의 부친)이 같이 태학에 있으면서 동문수학했는데, 서로 사귄 정이 매우 도타웠다고 한다.

24세 때 봄에 태학에서 돌아온 회당은 출세보다는 사람으로서의 도리를 연마할 뜻을 품고서 정밀히 연구하고 깊이 생각하여 힘써 배우는 것에 게으르지 않았다. 그러나 모친의 뜻도 만만하지가 않았던 것 같다. 결국 모친의 명을 거역하지 못했던 회당은 태학에서 돌아왔던 그해 가을, 형 신원복과 함께 과거에 응시하기 위해 서울로 향했다. 그러나 둘 다 약속이나 한 듯이 낙방하고 말았다. 돌아오는 길에 형이 학질에 걸려 사경을 헤매게 되자, 회당은 형을 간신히 부축하여 길을 재촉해 천민천天民川에 이르렀다. 이 개울은 경기도 여주驪州 음죽현陰竹縣 앞을 흐르는 남한강의 지류인데, 마침 가을비에 개울물이 불어나 제방을 넘쳐흐르고 있었다. 게다가 물속엔 독충들이 득실거렸는지라, 사람들이 "이

물엔 독충이 있어 맨발로 건너서는 아니 된다."라고 만류하였다. 그렇다고 해서 병든 형을 무작정 방치해둘 수는 없는 노릇이었으니, 회당은 형을 등에 업고 개울을 건넜다. 무모한 행동이었을지 몰라도 개울을 다 건널 때까지 그 어떤 일도 없었다. 하늘이 그의 형제애와 용기에 감복한 것이다.

회당이 32세 때 매형 박계수朴桂樹가 무고하게 화를 입고 경북 군위군의 옛 명칭인 적라현赤羅縣의 감옥에 갇혀 있었는데, 사람들은 감히 그의 억울함을 호소하지 못했다. 그렇지만 회당만은 혼자서 관찰사에게 나아가 그 억울함을 호소하였다. 3년이 지난 뒤에 매형이 죽으니 장례의 모든 절차를 분주히 치르고, 매형의 4남 1녀를 데려다가 교육시켜 적절한 때에 시집장가를 보내어서 마침내 그의 가문을 일으켜 세워 주었다고 한다.

회당은 33세 때 여름, 형이 역질 앓는 것을 알고 달려가서 병구완하였다. 이때 형은 전염성 열병을 피하려고 팔공산八公山 산방山房에 있었는데도 전염병이 들어 거의 위태할 뻔했던 것이다. 회당은 이를 듣고 곧장 달려가서 몸소 탕제湯劑를 달여 드리느라 먹는 것도 자는 것도 잊었다. 곁에 있던 사람들이 열병의 기세가 한창 성한지라 회당에게 조금이라도 쉬기를 권하자, 회당은 울면서 "아픔을 나누려는 마음이 절실하거늘 어찌 내 생명만을 염려할 수 있단 말인가?"라고 하였다. 그리고 수십 일을 간호하니 마침내 차도가 있어 함께 돌아왔다고 한다.

회당은 45세 때, 원근의 촌수가 아주 먼 일가붙이들과 매월 초하루에 만나기로 하였다. 종족이 흩어져 살면서 희로애락을 같이 나누지 못함을 늘 한스럽게 여겼기 때문이다. 그리하여 계모임 운영하는 일을 의논하고 경조사 때 서로 돕는 규칙을 정하였던 것이다. 매월 초하룻날 종당宗堂에 모여서 조상의 사당을 참배함으로써 친애하는 도리를 보였고, 또한 친척과 돈독히 화목해야 하고 학문에 힘써야 하는 뜻을 강론하였다고 한다.

이렇듯, 회당은 학문에 힘쓰라는 부모의 말씀을 순종하였을 뿐만 아니라 형제자매가 돈독하게 화목하고자 힘썼으며, 특히 평소에 형님 섬기기를 극진히 하였다. 『소학』의 「선행편善行篇」을 보면, 사마온공司馬溫公은 그의 형 백강伯康과 형제애가 특히 돈독하였다고 한다. 백강의 나이가 장차 80세가 되려 하였는데, 사마온공은 받들기를 엄한 아버지와 같이 하고, 보호하기를 어린아이와 같이 하여 매양 밥 먹고 나서 조금 지나면 "배고프시지 않습니까?"라고 물었으며, 날씨가 조금만 추우면 그 등을 어루만지며 "옷이 얇지 않으십니까?"라고 하였던 것처럼, 회당도 사마온공이 그의 형 백강을 섬기듯이 하였던 것이다. 곧 회당은 조상을 받들고 부모를 봉양하는 데 쓸 것과, 질녀를 시집보내거나 질부를 보는 데 필요한 것들을 모두 몸소 마련하여 형님이 조금도 걱정하지 않도록 하였으니 말이다.

이러한 동생의 행실을 기려 자제子弟를 훈육하고 모든 사람

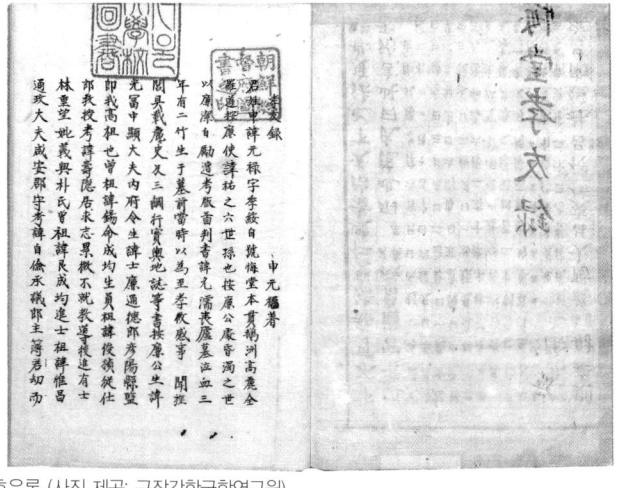

「효우록」(사진 제공: 규장각한국학연구원)

에게 교훈을 주기 위해 1576년 5월 16일 팔지산에 있는 동생의
여소廬所에서 울며 동생의 일대기「효우록孝友錄」을 쓴 형 신원복
의 그릇 크기도 아울러 짐작하고 남음이 있다 하겠다. 동생의 일
생을 중심으로 부친을 간병한 사실, 모친을 지극히 모신 효행, 그
리고 남다른 형제애 등 가정 내의 세세한 행적에 이르기까지 매
우 감동적으로 기록하고 있기 때문이다. 그 글은 서울대학교 규
장각에 소장되어 있으며, 『회당선생문집』에도 전문이 실려 있다.
동생의 지극한 행실과 거룩한 모범을 취하여 영원히 세상의 본받
을 만한 것으로 남기고자 한 형의 동생에 대한 사랑은 다음의 글
을 보면 넘쳐나고 있다.

오호라! 사람이 이 세상에 태어나면서 어느 누군들 타고난 성질이 어질고 착하지 않으랴. 사람의 자식으로 부모를 섬김은 어느 누구라도 사람의 본분으로 당연히 해야 할 일이 아니냐. 그러나 그 고유의 성질을 온전히 하고, 그 마땅히 행해야 할 본분을 다할 수 있는 자는 거의 드물다. 그런데 군은 아이 때부터 이미 어버이를 사랑하는 도리를 알아서, 생전에 섬기는 일과 죽은 뒤에 장사하고 제사지내는 것이 인정과 예를 곡진하지 않은 것이 없었다. 60년을 하루같이 간절하게 어린아이가 어버이를 그리워하는 애통함이 숨을 거둘 때까지도 그지없었으니, 군은 참으로 이른바 하늘이 낸 효로써 사람의 자식된 자로서의 본분을 다한 것이다.

평소에는 남달리 특별한 행동을 하지 않고, 다만 일상생활에서 행하는 도리를 취하여, 위로는 자신이 해야 할 일을 극진히 하였는데 형제와 남매간에는 우애가 돈독히 지극하고, 일가친척을 대우하는 데는 의리를 생각함이 두루 미치도록 하고, 벗을 대하는 데는 반드시 성실과 믿음으로써 하고, 자식을 가르치는 데는 반드시 의리에 입각하여 했다. 아래로는 노비 및 하인들에 이르기까지 역시 모두 조금만 잘해도 가상히 여기고 미세한 잘못에는 눈감아 주었다. 그래서 사람들을 대하는 것이 정성을 다하고 베푸는 것이었다. 또한 그 마음가짐과 행실의 방정方正함, 사람과 사물을 대하는 태도의 성실함, 빈궁한

사람들을 도와주려는 의로움 등 모두 혼연히 평탄하고 절실하지 않음이 없었다. 처음부터 억지로 애써서 닦기를 기다리지 않았던 것인데, 그 근원을 따진다면 모두가 효도와 공경으로부터 나온 것이니, 이것이 어찌 이른바 '근본이 서면 도가 생겨난 것' 이 아니겠는가. …

군의 부모에 대한 효도와 형제에 대한 우애 및 덕행은 사람들의 이목에 드러나 온 동네에서 칭송하고 온 고을 사람들이 감복하였으니 진실로 기다릴 필요조차 없는지라 내가 사사로이 찬양한다. 집안에서의 미세한 행실은 타인이 미처 아는 바가 아니고, 글월이 아니면 징험할 수 없는 것도 있는 까닭에, 늙음과 졸렬함을 헤아리지 않고 평소에 집에서 일찍이 본 것들을 울면서 기록하여 조상들이 후손들에게 끼치는 교훈거리로 갖추나, 말이 뜻대로 되지 못한 것을 꺼리지 않고, 군의 지극한 행실과 거룩한 모범을 취하여 영원히 세상의 본받을 만한 것으로 여긴다면 다행이겠노라.

1576년 5월 16일 형 원복이 팔지산 여소에서 울며 쓰다

이처럼 돈독한 형제애를 지녔던 두 형제가 죽어서는 팔지산 양지바른 곳의 어버이 산소 아래에 사이좋게 누워 있다. 어버이 산소는 부친과 모친을 합장한 묘이다. 다음 도면은 후손들이 회당의 문집을 편찬하면서 이 산소들을 잃어버리지 않기 위해 기록

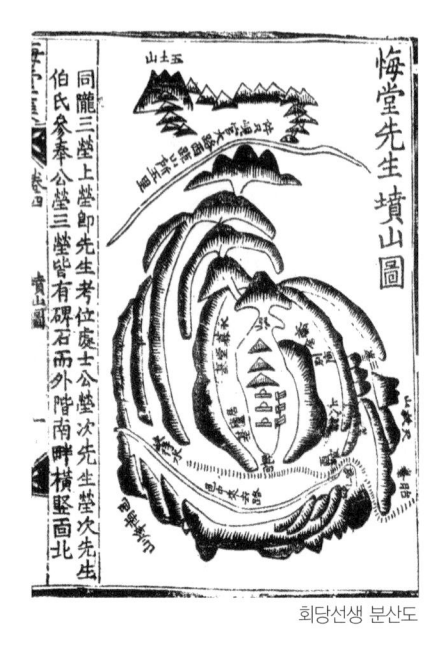

회당선생 분산도

한 분산도墳山圖이다.

　분산도의 옆에 적힌 주기注記는 "같은 구릉에 세 무덤이 있
다. 맨 위쪽의 무덤은 곧 선생의 부친 처사공의 무덤이고, 다음의
무덤은 선생의 무덤이며, 그 다음의 무덤은 선생의 형 참봉공의
무덤이다. 세 무덤엔 모두 비석이 있는데, 외계外階의 남쪽에 세
워져 있고 가로세로가 북으로 향하고 있다."라는 내용이다. 이
분산도를 문집 말미에 붙인 이유를 회당의 6세손 신언모申彦模
(1689~1749)는 다음과 같이 밝히고 있다.

분산도를 새겨서 문집 말미에 붙인 것은 세대가 아득히 멀어
지면 세상일이란 변화가 끝이 없는데다 눈까지 내려서 혹 무
덤을 찾지 못하는 일이 생겨 동서남북 사방 사람들의 탄식이
있을까 두려워해서이다. 무덤을 찾지 못하는 잘못을 거듭 범
하는 자는 반드시 장차 무덤이 있는 곳을 알지 못하게 되어 어
쩔 줄 모르며 두려움에 떨고 있을지라. 이에 선조의 유고遺稿
를 간행하면서 아울러 분산도를 본떠 문집의 말미에 붙인다.
세월이 아무리 흐르고 거리가 아무리 멀어졌다 하여도, 문적文
籍에 징표가 있으니 조상의 옷가지와 신발이 이곳에 있음을 분
명하게 알기 바라노라.

1739년 정월 6세손 언모가 삼가 짓다

최근 2013년 4월에 아주신씨 대종회 회장을 2회 역임한 신
상을申相乙(1939년생)이 비용 일체를 쾌척하여 비석을 개수改修하고
묘역을 새롭게 단장한 전경이 다음 면의 사진들이고, 그 공적을
기린 비가 66면의 사진이다. 신상을은 회당의 형인 정은 신원복
의 후손이다.

신원록의 묘 전경 사진에서 뒤에 보이는 묘가 부모의 묘이
며, 신원복의 묘 전경 사진에서 뒤에 머리만 보이는 비석이 바로
신원록 비석이다. 형 신원복이 동생보다 나중에 죽어서 그 산소
가 동생의 산소 아래에 있다. 직접 가보니 아래의 묘터가 더 좋은

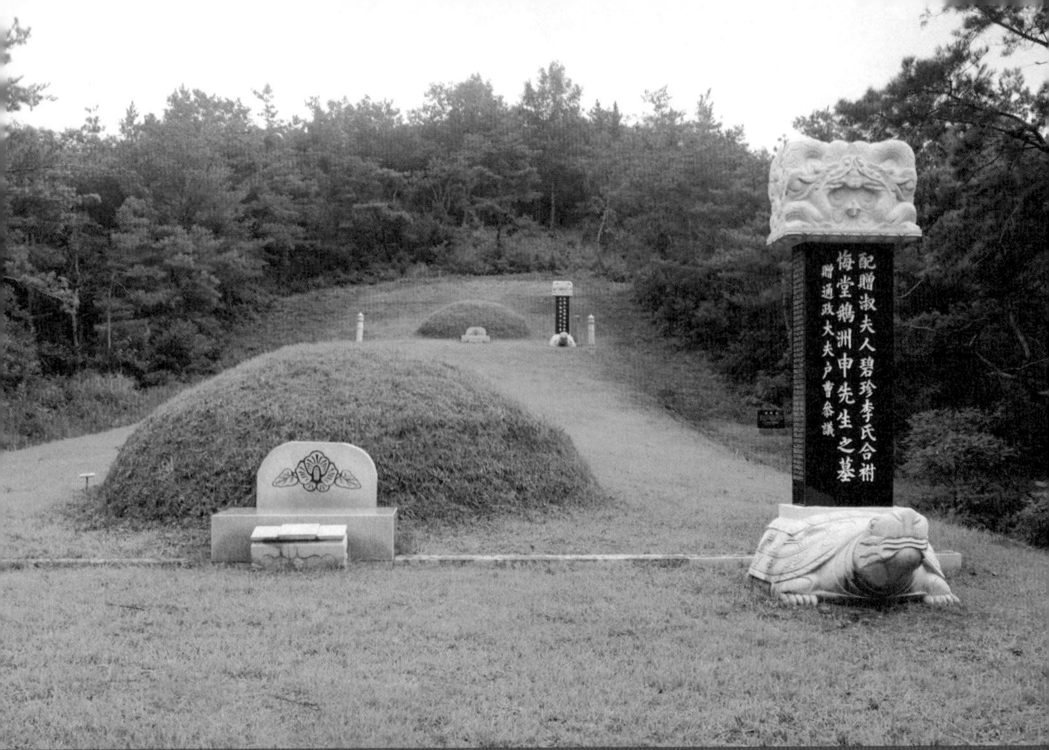

신원록의 묘 전경

신원복의 묘 전경

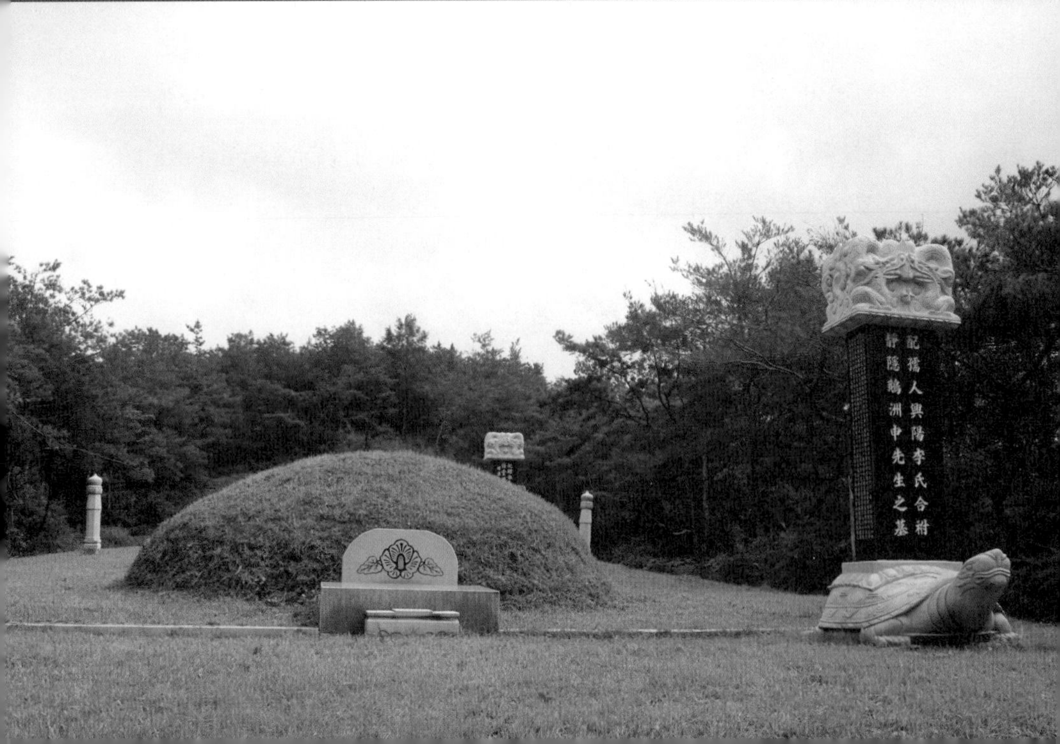

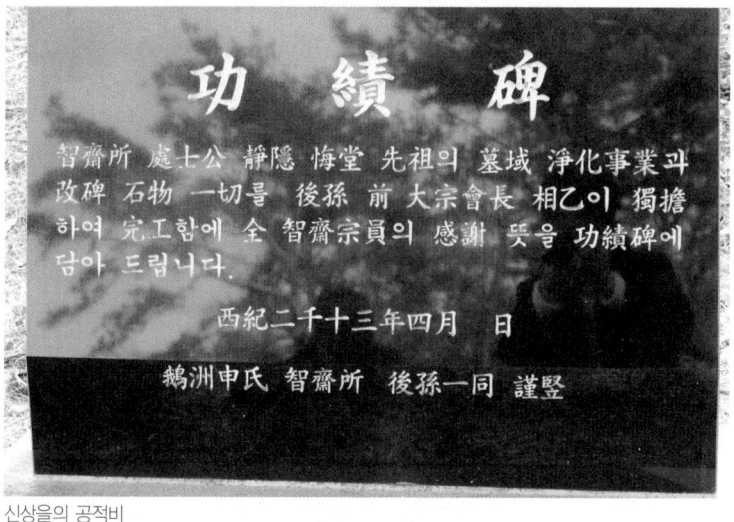

功　績　碑
智齋所 處士公 靜隱 悔堂 先祖의 墓域 淨化事業과
改碑 石物 一切를 後孫 前大宗會長 相乙이 獨擔
하여 完工함에 全 智齋宗員의 感謝 뜻을 功績碑에
담아 드립니다.
西紀二千十三年四月　日
鵝洲申氏 智齋所　後孫一同　謹豎

신상을의 공적비

것 같지만, 일반적으로 보면 좀 낯설기도 할 것이다. 그렇다한들 넉넉한 마음을 지녔던 그 형이 지하에서 불편해 하겠는가. 결코 그렇지 않았으리라. 죽어서도 한곳에 부모와 나란히 묻혀 있으니, 의좋은 두 형제는 지하에서도 부모님께 지극한 효도를 다하고 있으리라 생각된다.

2) 학관으로서의 훈도 생활

회당은 어버이의 명을 받들기 위해 과거시험을 보기는 했지만 합격여부에 마음을 두지 않았다고 한 것을 보면, 관직에 대한

원대한 포부를 갖고 있지는 않았던 것으로 보인다. 23세 때 태학太學에 갔다가 이듬해 봄에 고향으로 돌아와서는 출세보다 사람으로서의 도리를 연마할 뜻을 품고서 정밀히 연구하고 깊이 생각하여 힘써 배우는 것에 게으르지 않았다고 하니 말이다. 오히려 향촌에서 머물며 사람으로서의 도리를 연마하며 사회적 교화에 기여하고자 하였던 것 같다. 그러나 연로한 모친을 제대로 봉양하지 못하고 불효하는 현실에 직면하자 스스로 뜻을 굽혀야 하는 것을 탄식하기에 이르렀다. 다음 시는 이때 지은 「자탄自歎」이라는 율시律詩이다.

서생의 타고난 운명엔 너무나 기구함이 많아
자벌레마냥 몸 굽힌 이래로 귀밑머리만 희어가네.
예법을 배웠으니 어찌 머물고 물러남 모르랴만
가난으로 하는 벼슬에 굶주림 걱정함 옳지 않다네.
저 수양성睢陽城의 절의를 감개하던 이
세 번이나 벼슬 구했음을 세상은 알지 못한다네.
부모가 늙어서 사실 날이 얼마 남지 않았는지라
뻔뻔스레 벼슬자리 구했으니 눈물 하염없이 흐르네.
書生賦命太多奇　蠖屈年來兩鬢絲
學禮豈曾曚進退　仕貧非是悶寒飢
睢陽千笈人誰惠　光範三書世莫知

日暮途窮親已老　强顔干祿涕交垂

　　회당이 이미 거듭 과거를 보았어도 급제하지 못하자, "옛 사람은 '어버이가 연로한데도 벼슬하여 녹을 받지 않음은 불효라'고 했으니, 내가 장차 학관學官이라도 해서 어버이를 위해 쌀을 등에 지고 오는 효심을 이룰 수 있었으면 좋겠다."라고 자탄하였던 심정을 읊은 시이리라. 학관은 교육을 맡아 하던 벼슬아치를 일컫는 말이다.

　　그리하여 회당은 36세 때인 1551년 봄, 장수현長水縣의 훈도訓導에 임명되자 거절하지 않고 나아갔다. 당시 장수현의 현감은 용문龍門 조욱趙昱(1498~1557)이었다. 그는 조광조趙光祖의 문하에서 수학하여 가르침을 받았는데, 교육에 관한 행정에 관심이 많았다. 이때 학규學規가 꽤 해이하였는데, 회당이 부임해서는 직무에 태만하지 않고 현감 조욱과 함께 학규를 정하였다. 교육과정을 엄격히 세워서 날마다 여러 유생들과 함께 경서經書를 강론하였다. 단지 구두句讀(읽기 편하도록 구절에 점을 찍는 일)나 전수하는 것이 아니라, 반드시 먼저 서로 읍양하고 겸손히 주선하는 절차와, 부모에게 효도하고 형제간에 우애 있게 지내고 나라에 충성하며 친구 간에 믿음으로 지내는 도리 등을 가르쳤다. 그리고 실속 없이 겉만 화려한 것을 억제하고 근본과 진실을 펴는 데 오로지 힘쓰니, 근방의 젊은 선비들이 소문만 듣고도 배우고자 일어났다.

제자가 되려고 예물을 드려서라도 배우려는 자가 많았다고 한다.

그해 가을에 현감 조욱과 함께 장성에 있던 하서河西 김인후 金麟厚(1510~1560)를 만났다. 하서는 일찍이 모재慕齋 김안국金安國 을 좇아 배워서 학식이 순수하고 올발랐는데, 1545년 을사사화乙 巳士禍가 일어나자 고향 장성으로 돌아와서 성리학 연구와 후학 양성에만 정진하고 있었다. 회당이 이때 하서를 만남으로써 의 성 지역의 최초 사액서원인 장천서원長川書院을 지으려는 뜻을 세 웠고, 실제로 지었으며 그 서원 안에 사당을 지어 김안국을 제향 祭享하였다. 다음해인 1552년 가을에 회당은 병으로 사직하고 고 향으로 돌아오는 길에 함양咸陽의 옥계玉溪 노진盧稹(1518~1578)을 방문하였다. 아마도 이 시절에 둘은 서로 왕래하며 사귄 정이 매 우 깊었던 것으로 생각된다. 옥계도 효로써 정려旌閭가 세워진 인 물이다.

회당은 1564년 청도군淸道郡 훈도에 임명되자 마지못해 나아 갔으나, 1년도 아니 되어 모친이 연로하다는 이유로 사직하고 돌 아왔다. 또 1566년에 삼가현三嘉縣(경남 합천의 옛 지명) 훈도에 임명 되자 나아갔다. 이때 그는 "무거운 물건을 지고 먼 곳으로 갈 때 면 땅의 좋고 나쁨을 가리지 않고 쉬게 되고, 집이 가난하고 부모 님이 늙었을 때면 봉록의 많고 적음을 가리지 않고 관리가 된다 [負重涉遠, 不擇地而休, 家貧親老, 不擇祿而仕]."라는 자로子路의 말을 벽 에 써놓고는, 세 번이나 거듭 반복해 읽고 자신도 모르게 눈물을

흘렸다고 한다. 이를 보면, 회당이 이 즈음에 훈도로 나아간 것은 모두 모친을 위해서 뜻을 굽힌 것임을 알 수 있다. 그렇더라도 회당이 가는 곳이면 학생들이 모여들어서 문 앞에는 신발이 항상 가득하였지마는 간곡하게 가르치고 타이르는 데 싫어하지도 게으르지도 아니하였다고 한다. 일과日課로 경서를 읽고 외우게 하고 난 여가에도 학생들을 이끌고 고금古今의 역사에 나타나는 성공과 실패를 강론하여 그들의 마음과 뜻을 깨우쳐주었기 때문에 성취한 사람이 많았다고 한다. 1567년 봄이 되자, "옛사람은 단 하루의 봉양을 삼정승의 자리와도 바꾸지 않았다古人一日養, 不以三公換."라고 벽에 써놓고는 곧바로 훈도를 사직하고 돌아왔다.

이렇듯 회당은 훈도로서 재임하는 동안 윤리를 돈독히 하고 학문을 일으키는 것을 자기의 소임으로 삼아 최선을 다했지만, 연로한 모친의 모습이 뇌리에서 떠나지 않아 훈도 생활을 1년 내지 2년 정도 하는 등 오래는 하지 않았던 것 같다. 자식으로서의 도리를 다하려는 그의 마음은 훈도 생활에서도 여전하였던 것을 알 수 있다.

3) 거유명현 문하의 수학, 도의지교로 맺은 벗들

회당의 손자 난재懶齋 신열도申悅道가 1656년 4월 하순에 회당의 「사우록師友錄」을 편찬하였는데, 회당과 사우관계를 맺은

박운, 주세붕, 이황, 조식 등 74인의 인적사항 등을 소개한 것이다. 난재는 당시 회당의 교유가 이에서 그치지 않았을 것이라면서, 근거할 만한 여러 자료가 전란으로 말미암아 모조리 없어져 남아 있지 않은 것을 안타까워하였다. 그는 아버지 성은城隱 신흘申仡이 흩어진 자료들을 거두어 정리할 뜻을 가졌지만 끝내 이루지 못하고 돌아가신 것을 생각하고는, 오래 되면 될수록 전해오던 것조차 잃어버릴까 두려워하면서 가정에서라도 얻을 수 있는 자료를 근거로 기록한 것이다. 여러 책에서 모아 기록함에 있어서 증거가 없으면 취하지 않았으나, 들을 만한 것이 있으면 곧바로 기록하여 빠진 것을 채워 넣어서 거칠게나마 한 통의 기록을 만들었던 것이다. 난재는 대체로 일생 동안 정력을 기울인 것이라 후세에 증거로 내세울 수 있겠지만, 여전히 삼분의 일도 채우지 못한 것에 대해서는 거듭거듭 한스러워하였다. 그러나 그는 「사우록」으로 말미암아 그 세대를 논하면 또한 회당의 성대한 연원과 교유를 충분히 알 수 있을 것으로 생각하였다. 이렇게 만들어진 「사우록」을 통해 회당의 교유양상을 살필 수 있으니, 거유명현巨儒名賢 문하의 수학, 도의지교道義之交를 맺은 면면들을 알수 있다.

이제, 대표적인 스승 몇 분만 살피기로 한다.

회당은 26세 때인 1541년에 용암龍巖 박운朴雲(1493~1562)을 찾아뵈었는데, 이때 용암은 경학經學으로서 한 세상의 중망을 받고

있었다. 회당이 왕래하며 질의하지 않은 해가 거의 없으니, 용암은 늘 회당을 칭찬하여 "신군申君은 집에 있으면서도 의리를 행하니 지금 세상에서는 보기가 힘들고, 옛날 당唐나라의 동소남董김南이 바로 그 사람일러라."라고 말했다고 한다. 동소남은 주경야독晝耕夜讀하여 학문이 높을 뿐 아니라 행실이 아주 바른 선비로도 이름이 높았는데, 부모에 대한 효도와 형제간의 우애, 그리고 가정의 화목을 제일로 여겼던 사람이다. 이에 당나라의 유명한 문장가 한유韓愈는 「동생행董生行」이라는 노래를 지어 그를 칭송했다. 용암은 회당을 그러한 동소남에 견주었으니, 아마도 학문을 강론하며 사람의 자식으로서 도리를 다하는 모습을 칭찬하였던 것이리라.

1557년 가을에는 용암이 퇴계 선생을 방문하기 위해 선성宣城(안동 예안의 별칭)을 향하여 가다가 회당을 도원桃源의 여관에서 만났다. 이때 비에 막혀 이틀 밤을 묵으면서 경전의 뜻에 대해 강론하였다. 용암이 돌아간 뒤에 회당은 '게으르고 나약한 자신을 반성할 수 있었다'는 말로 편지를 써 보냈는데, 그 편지는 이러하다.

중양절重陽節이 가까운 날, 그간 부모님을 모시고 배우는 이력이 어떠하시나이까? 여관에서 궂은비가 오는 중에서도 얼굴을 뵈오며 가르침을 듣기도 하고 남김없이 소회를 말하기도 하였

는데, 게으르고 나약한 저 자신을 반성할 수 있었던 것이 많았습니다. 감사하고 감사드립니다.

저는 지난번 걸음에 묵은 소원을 다 이루지 못하고 돌아오는 곳마다 홍수에 막혀서 6일 만에야 돌아왔습니다. 비로소 사람이 살면서 한 번 만나는 것도 하늘이 정해준 것이 있어야 함을 알고 한恨해 봤자 어떻게 할 수 있겠습니까?

부족하지만 두 편을 지어서 계상溪上(주: 퇴계 선생이 있는 곳)으로 보냈으나 돌아오지 않아 우선 바로잡아주기를 기다리고 있으니, 욕되더라도 한 번 보아주시기 바라나이다. 최태원崔太源(주: 인재訒齋 최현崔晛 부친)이 어르신께 간다고 해서 황망히 쓰나이다. 이만 줄입니다.

편지를 보면 이전의 만남에서 가르침을 다 구하지 못했던 아쉬움을 털어버리고 직접 얼굴을 뵈오며 가르침을 들을 수 있었던 것에 대한 남다른 감회, 가르침에서 비롯한 자성의 계기가 있었던 것으로 보인다. 그에 연유한 것이지만 회당이 용암의 가르침에 편지를 보내어 사례하였으니 추앙하는 바가 남달리 깊었음을 알 수 있다.

회당은 28세 때인 1543년 10월에 신재愼齋 주세붕周世鵬에게 유학하여 그 다음해 12월에야 집으로 돌아왔다. 당시 신재는 마침 풍기豐基 군수로 있으면서 문성공文成公 안향安珦의 옛집이 있

던 죽계竹溪에다 최초로 백운동서원白雲洞書院을 창건하고 인재를 교육하자, 멀고 가까운 곳을 막론하고 많은 유생들이 모여들었다. 죽계는 경북 영주시 순흥면에 있는 시내 이름이다. 회당도 경의를 표하는 글을 가지고서 뵈오며 가르침을 구하니, 신재가 빈객賓客을 맞이하는 예로 정중히 대우하였다.

며칠을 머문 어느 날, 신재는 "벗이 먼 곳에서 방금 왔으니 또한 기쁘지 아니한가[有朋自遠方來不亦樂乎]"라는 논제論題로 여러 유생들에게 시험을 보였다. 이에 회당이 다음과 같이 논하였는데, 오늘날 세태를 생각하면 그대로 인용하는 것도 괜찮을 듯싶다.

논하기를, "성인聖人의 좋아함은 또한 많다"라고 한다. 인자仁者와 지자智者의 두 가지 좋아함이 있고, 유익한 것의 세 가지 좋아함(주: 예악을 적당히 좋아하고, 남의 착함을 좋아하고, 착한 벗이 많음을 좋아하는 것)이 있다. 좋아한다면 생기는 것이니 천지만물의 오묘함을 좋아함이요, 좋아하여 시름을 잊는 것은 도를 제대로 맛보면서 좋아함이다. 이치를 따르는 데에 이르면 천명天命을 따라 분수를 지키게 되고, 좋아함이 넘쳐나면 평온하여 너그러워지게 되는데, 거친 밥을 먹으며 물을 마시고 팔을 굽혀 베더라도 즐거움이 또한 그 가운데에 있을지니, 성인의 좋아함은 또한 많다고 하는 것이다.

그러나 유독 '벗이 먼 곳에서 찾아온 것'을 가지고 '또한 기쁘

지 아니한가' 라 한 것은 무슨 까닭인가. 대개 사람의 성품은 누구나 다 선善하지만 깨달음에는 선후의 차이가 있으니, 나는 이미 본성의 선함을 밝혔으나 다른 사람은 밝히지 못하고, 나는 본래의 모습을 회복하나 다름 사람은 회복하지 못하면, 내 마음의 희열이 비록 지극하다 할지라도 남을 배려하는 즐거움에는 어찌 흠이 되지 않겠는가. 무릇 오행의 기운 중에서 가장 빼어난 것을 얻은 것이 사람이라 하고, 모든 선의 이치를 갖추고 태어난 것이 사람이라 하니, 사람은 이미 하늘이 내려준 본성을 사람들마다 똑같이 얻은 것이고 만물도 사람과 같이 나온 것이거늘, 어찌 한 개인이 사사로이 할 수 있단 말이며, 어찌 한 개인이 독단적으로 행할 바이겠는가. 지난날, 나는 홀로 이 선을 알고서 홀로 이 선을 행하니 그저 즐거울 뿐 참으로 즐겁지가 않았다. 무릇 남에게 말하고 남이 그것을 믿으며, 남을 가르치고 남이 그것을 좇으면, 같은 소리끼리 서로 응하고 같은 기운끼리 서로 찾는다. 또 가까이 있는 사람이 이미 믿고 멀리 있는 사람까지 또한 믿으며, 가까이 있는 사람이 이미 따르고 멀리 있는 사람까지 또한 따른다. 그러니 선으로써 남에게 미치게 하면 그 즐거움이 어떠하며, 믿고 따르는 사람이 많으면 그 즐거움이 어떠하겠는가.

대저 인의예지仁義禮智의 본성은 하늘에 근원하여 사람에게 부쳐졌으니, 부자지간은 인仁의 이치를 함께 부여받은 것이며,

군신지간은 의義의 이치를 함께 부여받은 것이라 하겠다. 심지어 부부도 서로 분별의 도리를 똑같이 지니고 있으며, 어른과 아이도 서로 질서의 도리를 똑같이 지니고 있다. 나 자신이 먼저 안 것이 사람들마다 똑같이 얻은 인의仁義이고, 나 자신이 홀로 얻은 것이 사람들마다 함께 가지고 있는 예지禮智라. 사람들마다 똑같이 얻은 인의가 내가 이미 자기에게서 먼저 얻었던 것이니, 어찌 그 얻은 바가 다른 사람에게 미치도록 펼치지 않을 수 있으랴. 사람들마다 함께 가지고 있는 예지가 내가 이미 자기에게 먼저 있었던 것이니, 어찌 그 있는 바가 다른 사람에게 넉넉해지도록 펼치지 않을 수 있으랴. 내가 얻은 바의 것은 다른 사람도 얻을 수 있고, 내가 가지고 있는 바의 것은 다른 사람도 가질 수 있다. 가까이 있는 사람으로부터 저 멀리 있는 사람까지 믿지 못함이 없고 적은 사람으로부터 많은 사람에 이르기까지 따르지 않음이 없을 것이다. 그러므로 예전에 홀로 그저 즐거웠던 것이 다른 사람과 함께 즐겁고, 내가 홀로 그저 즐거웠던 것이 많은 사람들과 함께 즐겁다면, 진실로 이른바 세우면 반드시 함께 세우고 이루면 홀로 이루지 않는다고 하는 것이니, 그 함께 즐거워하는 것보다 나을 것이 무엇이랴. 인의仁義에 흠뻑 빠지고 예지禮智에 물리도록 배불러서 부자와 군신 간의 도리를 즐기는 것 이것이야말로 좋아함이요, 부부 사이의 구별 및 어른과 아이 사이의 질서를 즐기는

것 이것이야말로 좋아함이다.

벗도 이러하니 일가一家도 알 만하고, 먼 자도 이러하니 가까운 자도 알 만하다. 궁상宮商의 음률이 서로 펼쳐지더라도 그 교통하여 기뻐하는 뜻을 비유하지 못할 것이고, 율려律呂의 가락이 서로 조화롭더라도 그 드러내어 세상에 널리 펴게 된 즐거움을 비교하지 못할 것이다. 그렇다면 이 즐거움은 어떤 즐거움인가. 선으로써 남에게 미치는 것을 즐기고 그 믿고 따르는 사람이 많음을 즐겨서, 선이 자기에게서 넉넉해져 남에게 미칠 수 있으면 이것이야말로 참으로 즐거운 일이며, 선이 남에게 미쳐 믿는 사람이 많으면 이것이야말로 더욱 즐거운 일이다. 자기의 선이 남에게 신임을 받을 수 있고 남의 선이 자기에게 보탬이 될 수 있어서, 강학講學으로 서로에게 유익하여 도道를 바탕으로 한 것이 날로 밝아지고, 교학敎學으로 서로를 성장케 하여 덕德을 바탕으로 한 것이 날로 진보하면, 천하에 교화할 수 없는 사람이 없고 또한 믿고 따르지 않는 사람이 없을 것이다.

그 이치를 캐면 내가 그 즐거움을 스스로 즐기고 저 또한 그 즐거움을 즐기며, 그 실상을 구명하면 나는 남에게 미침을 즐기고 저는 나에게 보탬을 즐긴다. 이것이 또한 인간세상에서 아주 쾌활하고 매우 기쁘고 알맞은 일이 아니랴. 이를 계기로 살펴보면, 락樂이라 이르는 것이 그 사람을 좋아해서 즐거워하는

것이 아니고 자기의 선이 남에게 미침을 즐거워하는 것이며, 그 벗을 좋아해서 즐거워하는 것이 아니고 그 믿고 따르는 사람이 많음을 즐거워하는 것이다. 성문聖門에 드나들던 자가 3천인데 직접 육예六藝에 능통한 자가 70명으로 자기 자신을 수양하여 타인의 본성을 계발하고 사물의 이치도 완성시켜 그 즐거움이 진진하고, 배우는데 싫증은커녕 부지런히 가르쳐 주어서 그 즐거움이 끝이 없으니, 오직 그 선이 남에게 미침을 즐거워하며 그 믿고 따르는 자가 많음을 즐거워한 사람이 우리 공부자孔夫子 말고 또 뉘 있으랴.

아! 지혜롭지 못한 이기적인 사람은 어찌 이러한 즐거움을 말할 수 있으리오. 자기에게 하나의 선이라도 있으면 경망스럽게 스스로 우쭐거리며 즐겨 남에게 알리지 않으며, 자기에게 하나의 재주라도 있으면 의기양양 뽐내며 즐겨 남에게 말하지 않는다. 군자의 마음가짐과 비교해보면, 넓고 큰 이 세상에서 물物과 아我의 간격이 없이 내가 기뻐하는 바의 것을 펼치고 남에게 선이 있으면 즐거워하는 자이니, 바로 수백, 수천, 수만 리나 서로 떨어져 있으면 자기의 선으로써 남에게 미치는 것이 즐거워할 만한 것임을 어찌 알며, 믿고 따르는 자가 많음이 더욱 즐거워할 만한 것임을 어찌 알랴. 오호라! 공부자 이후로 이러한 즐거움을 능히 즐길 만한 사람이 몇이나 되랴. 전국시대戰國時代 때 맹자孟子는 "천하의 뛰어난 인재를 얻어서 그를

교육하는 것이 한 즐거움이다."라고 했고, 송宋나라 때 주돈이
周敦頤에게 학문을 배우면서 정자程子는 "매번 중니仲尼와 안
자顔子의 즐거워한 곳에 즐거워하던 것이 무슨 일인가?'라고
했으며, 남송南宋 때 주자朱子는 "다북쑥과 같은 인재를 길러
봤으면"이라고 했다. 그 후로는 이러한 즐거움을 즐기려는 자
가 매우 적고 드물다.

나는 우리들이 지극정성으로 쉼이 없는 도에 힘쓰고 성현聖賢
들이 실제로 즐거워하는 바를 탐문하여, 자기에게 선을 갖출
뿐만 아니라 반드시 남에게 펼치기를 생각하고, 자기에게 기
뻐할 뿐만 아니라 반드시 남과 같이 즐거울 수 있도록 생각하
기를 바라노라. 그리하여 이 즐거움이 쌓여서 넘쳐나고 기분
좋게 취한다면 성인의 즐거움이 또한 우리의 즐거움이리라.
생각만 한다면 어찌 멀다고 하겠는가. 비록 그러나, 도道를
즐기고 인仁을 편안히 여기는 군자로서 자기에게 많이 있는 것
을 남에게 넉넉히 미치게 하는 자가 아니라면 이 즐거움에 참
여하기가 부족할지라. 삼가 논하다.

회당은 선善이 자기에게서 남에게 미칠 수 있으면 참으로 즐
거운 일이고 또 선이 남에게 미쳐 믿는 사람이 많으면 더욱 즐거
운 일이니, 강학講學과 교학敎學으로 도道와 덕德이 날로 흥기됨을
즐거워하자는 답안을 내놓은 것이다. 신재는 회당이 지은 바가

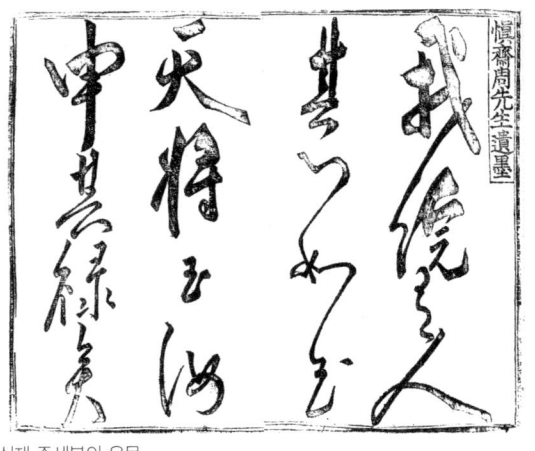
신재 주세붕의 유묵

남달리 뛰어남을 보고서, 그 글 말미에 '우리 서원에 사람이 있으니, 그 마음이 옥처럼 아름답구나. 하늘이 장차 그대를 옥으로 여기시어, 그에 합당한 녹봉을 거듭 베풀어 주시리라[我院有人, 其心如玉, 天將玉汝, 申其祿矣]'고 평하였으니, 바로 위의 붓글씨이다.

위의 붓글씨는 신재의 친필 유묵이다. 1769년 10월 하순에 회당의 외후손外後孫 이상정李象靖이 그 유묵에 대한 의미를 썼으니, 그것을 인용하면 다음과 같다.

위의 열여섯 글자는 신재 주세붕 선생이 손수 써서 회당 신 선생에게 준 글이다. 주 선생이 백운동서원을 창건하고 많은 인재를 교육하자, 멀고 가까운 곳을 막론하고 훌륭한 인물이 구

름 모이듯 모여들었다. 그런데 선생이 특별히 총애와 대우를 받았으니, 타고난 바탕이 온화하되 윤택하여 도에 가까웠음을 주 선생의 글에서 역시 상상할 만하다. 스승의 가르침을 차분하게 받을 즈음에 부지런히 학문과 덕행을 닦아서 어질고 너그러운 도량을 지닌 사람이 된 것은 반드시 그 방법이 있었을 것이나 지금으로서는 증험할 수가 없다. 그렇지만 선생은 끝내 효성과 우애로써 덕을 이루어 그 명성이 자자하더니, 이미 돌아가셨는데도 정려旌閭가 세워져 찬란하고, 백세토록 사당에 모셔져 제사를 받는다.

'하늘이 그대를 옥으로 여기시어 그에 합당한 녹봉을 거듭 베풀어 주시리라.' 한 것은 좌계左契(주: 약속의 증거)를 지녔다가 서로 주고받음과 같으니 어찌 위대한 것이 아니겠는가. 증손 현손에 이르러서 많이도 어질고 효성스러움으로 알려진 바, 선생의 빛나는 인품과 훌륭한 자취를 대대로 이어받은 것이니, 이것이야말로 하늘이 그 녹봉을 거듭 베푼 것으로 선생 자신만 아니라 그 후손에게까지 베풀어졌던 것이다.

명망 있는 후손 신홍교申弘敎(1740~1785)가 그 부친의 명을 받들어 비단으로 서첩書帖을 만들어서는 나에게 한 마디를 써달라고 부탁했는데, 그 마음 씀이 너무 간절하였다. 그러나 이로 인해서 선조의 공적을 충분히 물려받을 만하다고 할 수 있는 것은 아니다. 모름지기 옛사람이 말한 '인仁을 행하는 근본' 이

란 것에 힘써야 하나니, 몸과 마음을 닦음은 옥처럼 온윤溫潤
하되 흠이 없도록 해야 하고, 마음가짐은 옥을 잡고서 떨어뜨
릴까 염려하듯 하여 선생의 자손으로서 욕되지 않게 하면, 하
늘이 신씨가申氏家에 복록을 내려줌이 아마도 정중할 것이로
다. 짐짓 써서 책의 첫머리에 붙이고 기다리노라.

1769년 10월 하순

선생의 외후손 한산韓山 이상정은 절을 하고 쓰노라

신재가 계속해서 말과 행동이 서로 맞아야 한다는 사실과 우
리나라 도학의 계통 등을 말해 주니, 회당은 도를 구하는 뜻이 더
욱 절실해져 유숙하면서 조금도 게으르지 않았다. 나아가서는
스승에게 강의 받고, 물러나서는 같은 유생들과 변론하며 견실하
고도 부지런히 도를 향하여 힘쓰기를 1년여 하였다. 그래서 신재
는 유생들을 대할 때면 반드시 회당을 두고 늘 '어질고 너그러운
도량을 지닌 사람[德器]'이라고 칭찬했다. 회당이 돌아오려 하자,
신재가 절구시絶句詩 1수를 지어 주었다. 신재가 회당을 끔찍이
여겼음을 알 수 있다.

학문은 근원을 스승으로 삼아야 하고,	爲學師原水
교분은 예의에 맞도록 하라.	論交取兒舩
서로 규계함에 오직 이 열 글자라,	相規惟十字

무릇 모든 것이 백년의 마음이로세.　　　　　　庶悉百年情

　　신재가 이 절구시를 지어주며 시종일관 힘쓰라고 하였으니
총애함이 이와 같았고, 회당도 종신토록 그것을 마음에 새겼다.
회당은 신재가 1545년 임기를 끝내고 조정으로 돌아갈 때 전송
하였고, 1554년 세상을 떠났을 때에는 3년 심상心喪을 입는 등 스
승에 대한 예의를 지성으로 다했다.

　　회당은 퇴계退溪 이황李滉(1501~1570)으로부터도 가르침을 받
았다. 신재로부터 가르침을 받고 있는 동안 28세 때인 1543년 11
월에 퇴계 이황을 처음으로 뵈었다. 퇴계 이황을 흠모하여 일찍
이 그 앞에서 경전經典을 배우려는 바람이 있었는데, 이때에 이르
러 이황이 벼슬을 그만두고 고향인 계상溪上으로 돌아와 계시다
는 소식을 듣고 백운동에서 즉시 찾아가 뵈었던 것이다. 계상은
원래 이름이 토계兔溪이다. 회당이 계상에서 백운동서원으로 되
돌아오며 지은 「월야유감月夜有感」이라는 시 2수가 있다.

　　　구름 걷히고 물안개 사라지자 하늘이 맑은데
　　　달빛이 대낮같이 휘영청 밝기도 하구나.
　　　집 떠난 지 두 해에 돌아가길 생각하는 나그네
　　　새로 지은 시 한 편엔 만곡의 정이 담겼어라.
　　　雲歛煙消玉宇淸　　月光如畫十分明

離家兩載思歸客　　一句新詩萬斛情

냇물소리 달빛은 다 같이 맑기만 한데
들엔 눈, 산엔 구름이 짙더니 다시 걷히는구나.
인적 없는 깊숙한 서원은 천고의 정취 머금었으니
이 심정을 세상의 티끌이 더럽히도록 하랴.
溪聲月色一般淸　　野雪山雲暗復明
人靜院深千古趣　　肯敎塵滓汚心情

　　1543년 주세붕에 의해 세워진 백운동서원이 조정으로부터
공인을 받고 널리 알려지게 된 것은 1548년 10월 풍기군수로 부
임한 퇴계의 노력 덕분이었다. 그는 1549년 1월에 경상도관찰사
심통원沈通源을 통하여 백운동서원에 조정의 사액賜額을 바라는
글을 올리고 국가의 지원을 요청하였다. 이에 명종明宗은 대제학
신광한申光漢에게 서원의 이름을 짓게 하여 "이미 무너진 유학을
다시 이어 닦게 했다[旣廢之學, 紹而修之]"는 뜻을 담은 '소수'로 결
정하고, 1550년 2월에 '소수서원紹修書院'이라고 쓴 현판을 내렸
다고 한다. 이로써 백운동서원은 소수서원으로 개칭되니, 조선
조 최초의 사액서원이었다. 사액서원이라 함은 조선시대 때 국
왕으로부터 편액扁額, 서적, 토지, 노비 등을 하사받아 그 권위를
인정받은 서원을 일컫는다.

회당은 그 즈음인 1549년 여름에 다시 퇴계를 풍기 관아에서 뵈었다. 이때 퇴계 선생은 단양丹陽에서 임지를 옮겨 풍기군수로 와 있었다. 회당이 찾아가서 뵙고, 월천月川 조목趙穆, 지산芝山 김팔원金八元 등 어진 선비들과 백운동서원에 유숙하면서 책을 읽으며 조용히 묻고 배우는 사이에 정녕코 주고받은 가르침은 후세에 전할 만한 것이 많았을 것이다. 하지만 집안에서 보관하던 문서 등이 왜란 중에 모조리 없어져서 짤막한 문구나 한 마디 말도 남아있지 않아 그것을 상고할 수가 없다.

　　하지만 회당이 44세 때인 1559년에 퇴계가 편한 향약鄕約을 받들어 구경하고, 다음해에 의흥 현감義興縣監 유희잠柳希潛과 향약을 의논하며 조목條目을 세워 교화를 베풀 때 하나같이 도산陶山(주: 이황의 호)이 손수 편수한 것을 그대로 따랐다고 한다. 또 53세 때인 1568년, 평소에 『심경心經』, 『근사록近思錄』, 『주자서朱子書』 등의 서적을 즐겨 읽으며, 퇴계가 문하생들과 문답한 문의文義를 수집하여 단락에 따라 주석을 달았는데 그 손때가 묻은 것이 전해지고 있다 한다. 이러한 몇 가지만으로도 회당이 평소 퇴계의 가르침을 독실하게 믿었던 마음을 알 수 있다.

　　이를 두고, 그의 손자 신열도는 "대체로 학문은 신재 선생이 그 들어가는 문을 처음으로 열어주었다. 그러나 몸으로 행하는 바가 성실함은 사물의 이치를 궁구하는 데 근본을 두어야 하고, 위로 천리天理를 통달하는 길은 아래로 인간의 일을 배우는 데 말

미암아야 함을 알고는, 일상생활에서 행하는 도리에 마음과 힘을 다하는 사이에도 머리 숙여 부지런히 할 뿐 너무 늦은 줄 알지 못함은 실로 퇴계의 문하에 드나들면서 훈도薰陶 받은 힘이다." 라고 하였다.

또한 회당은 남명南冥 조식曺植(1501~1572)을 좇아서 배운 것이 몇 년이 되었다고 한다. 39세 때인 1554년 가을, 월천 조목과 함께 무릉武陵의 신재 주세붕 선생 상차喪次(주: 상주들이 있는 곳)에 가서 배곡拜哭한 뒤에 계속해서 덕산德山 별장에 있던 남명 선생을 찾아뵈었다. 덕산은 경상남도 산청군山淸郡에 있는 곳으로 지리산으로 향하는 요지이다. 회당은 이후에도 남명을 여러 번 뵌 적이 있어서 사람들에게 말하기를, "조 선생은 평소 학도들에게 경서經書에 대해 풀이해주기를 즐겨하지 않았지만, 강론하는 것이나 보여주는 기풍이 자연스레 사람을 감동케 하여서, 그를 대하면 그르고 편벽된 마음이 감히 싹트지 아니하여 그를 따라 배우는 자들이 공부가 열리는 일이 많았는데, 대개 보고 느끼는 사이에 저절로 깨닫는 것이 있기 때문이다." 라고 말하였다고 한다. 남명이 실천으로 보인 가르침이 인간으로서의 도리와 원칙에 부합하여 인격적 감화를 받았던 것으로 보인다.

그리하여 훗날 권상일權相一(1679~1759)은 회당이 신재, 퇴계, 남명의 문하에서 수학한 것에 대해 "선생의 학문은 신재 선생으로부터 발단한 것이고 남명 선생에 의해 눈으로 보고 마음으로

느낀 것이며, 만년에 도덕을 증진시킨 것은 퇴계의 문하에서 훈도 받은 바가 실로 깊었다고 하겠다."라고 평하였다.

다음으로 도의지교道義之交를 맺은 지기知己들을 몇 분만 살피기로 한다. 1544년 백운동서원에서 유숙하며 독서하고 있을 때, 월천月川 조목趙穆(1524~1606), 약봉藥峯 김극일金克一(1522~1585), 지산芝山 김팔원金八元(1524~1589) 등과 이해관계를 따지지 않고 도의道義로 사귀는 친구가 되어 함께 밤을 지새우는 줄 모르며 마주 앉아 토론하니, 날마다 다시금 연구하고 서로 연마하는 실익實益이 있었다. 조목은 평생을 학문 연구에만 뜻을 두어 대학자로 존경을 받았던 인물이고, 김극일은 학봉 김성일의 형으로 시인으로서 명성이 높았던 인물이며, 김팔원은 문장가로서 이름났던 인물이다. 이들은 주세붕과 이황의 문하에서 수학한 인물들이다. 회당이 그들에게 시를 지어주었으니, 바로 이러하다.

바람 그친 삼경 깊은 밤에	風定三更夜
구름 낀 창을 달 마주하러 열었네.	雲窓對月開
그윽한 회포 세상 밖으로 멀어지고	幽懷塵外逈
맑은 경치 눈앞에 들어오누나.	清景眼前來
도를 말하는데 마음은 지칠 줄 모르고	語道心無斁
시를 논하는데 생각은 전전긍긍 않네.	論詩思不回

그 기상 어디에다 비할거나   精神何所似
아마도 눈 속의 매화인 듯하네.   疑是雪中梅

지산은 1549년에 다음의 시를 지어 회당에게 주었다.

공자께선 때때로 익히라 말씀하셨고   孔訓稱時習
탕왕의 반명盤銘엔 일신하라 새겼으니,   湯銘頌日新
마음을 온통 쏟아 구도하려는 그대의 뜻은   孜孜求道志
타인에게 결코 뒤지지 않으리라 맹서한 것이네. 矢不讓他人

훗날 회당의 손자인 만오晩悟 신달도申達道가 일찍이 월천 조
목을 따르면서 그에게 배웠는데, 월천은 회당을 일컬으며 "회당
옹悔堂翁이 일생 동안 공부한 것은 오직 본분本分에만 있었으니,
참으로 옛사람들이 말한 진정한 위기지학爲己之學(주: 스스로를 닦고
돌보는 학문)이었다."라고 말하고, 또 "예전 신재 주세붕의 문하에
서 따르던 학자들이 수백 명이었는데, 대부분은 과거시험을 위한
문장을 아름답게 꾸미어 짓는 것에만 힘썼으나, 회당옹만은 절실
히 묻고 가까이서 생각하여 오로지 내면에 마음을 쓰니, 신재가
옹을 자주 추천하여 장려한 것은 이 때문이었던 것이다."라고 말
했다고 한다.
　순흥順興의 금계錦溪 황준량黃俊良(1517~1563)은 1545년에 상주

교수尙州敎授가 되어 죽령竹嶺을 넘다가 신재 선생을 방문하기 위해 풍기豐基에 갔는데, 그로 인하여 회당과 이해관계를 따지지 않는 도의道義로 사귀는 벗이 되었다. 1551년에는 신령 현감新寧縣監이었다가 병으로 사직하고 돌아갔는데, 그 사이에 늘 고향에 갈 때면 회당을 찾아오니 서로 사귄 정이 매우 도타웠다. 때로는 고금의 역사를 토론했는데 고상한 담론이 맑고도 깨끗하였는지라, 옆에서 듣는 사람은 자기도 모르는 사이에 절로 상쾌해졌다고 한다. 1563년 봄, 금계가 성주星州에서 병으로 사직하고 돌아가게 되자, 회당이 중도에 찾아가서 위문하였다. 얼마 되지 않아 끝내 일어나지 못하고 죽으니, 회당은 매우 애통해 하였다고 전해진다.

백운동서원에서 신재를 좇으며 학문을 닦았던 교우로 구암龜巖 이정李楨(1512~1571)도 있다. 회당이 신재의 문인으로서 몸가심을 얼마나 단정하게 했는지 보여주는 글이 있다. 회당이 삼가현三嘉縣 학관이었다가 돌아오게 되었을 때, 매암梅菴 조식曺湜(1526~1572)이 회당을 전송하기 위해 시와 병서幷序를 지었으니 바로 그것이다. 여기서는 병서만 보기로 한다.

회당 신 선생은 신재 주세붕 선생의 문인이다. 내가 오래 전에 듣건대, 신재의 도덕과 문장이 국가의 기둥과 주춧돌이고 사림의 사표師表라고 하는지라, 책 보따리를 싸 들고 가르침을 청하는 뜻을 지녔지만 둘러보아도 적당한 방법이 없어 그 원

을 이루지 못했다. 불행히도 근자에 신재께서 갑자기 돌아가셨다. 아! 신재를 이제는 뵐 수가 없다. 그러나 나는 신재가 세상에 살아 계시지 않은 때에 신재의 문인을 뵈오니, 그 기쁘고 다행함이 마땅히 어떠하였겠는가. 지난날 신재를 사모하고 친히 가르침을 받기 바라서 급급했던 마음이 회당에게로 옮겨간즉 자신도 모르게 공경하고 중히 여겼다. 공경하고 중히 여기게 된 것은 어찌 공연히 그런 것이랴. 회당은 어머니 봉양을 위해 뜻을 굽히고 우리 향교鄕校에 오신 것이니, 이는 하늘이 준 것이라고 사람들은 말할 것이로다. 몇 년 사이에 손을 잡고 대은산大隱山을 오르내리며 항아리 술 마신 뒤에 바람 쐬고 목욕한 것이 몇 번이었으며, 「사설師說」을 거듭 말하며 경계하고 권면한 것이 몇 번이었던가. 그러던 그가 동쪽으로 가려고 하니, 마침내 시 한 수를 지어 송별하노라.

회당은 1558년에 스승이 세운 백운동서원에서 강론하였는데, 풍기 군수豐基郡守로 있던 소고嘯皐 박승임朴承任(1517~1586)이 회당을 초청하였기 때문이다. 소고는 회당보다 한 살 적었지만 어려서부터 사귄 교분이 매우 두터운 사이였다. 이때 소고에게 회당이 보낸 시와 편지가 있다.

작은 상자가 불더위 속에 왔는지라   小篋冒炎至

열어 보니 자두가 가득하네.	開看李果盈
노랗거나 붉은 동글동글한 자두를	團圓黃赤具
물어 씹자 치아엔 청신한 맛이라.	咀嚼齒牙清
과일 보노니 그대의 뜻 알겠고	見物知君意
서신 보나니 내 시름 달래주누나.	看書慰我情
선들바람 부는 강가의 누각 저무니	凉生江閣晩
어느 날에나 다시 경서를 논할꼬.	何日更論經

관아에 돌아와서 누우니 옥 같은 사람이 항상 꿈에 보였지만, 돌아와야 했기에 끝내 천천히 올 수가 없었네. 속된 사람들이 사람을 잡아두려는 자리에 다시 가지 않고, 헤어지는 것이야 슬프네만 봄이 오면 날이 길어질 것이네. 산골 고을엔 할 일이 별로 없다고 했지만, 유생들을 상대하여 강론하고 살펴본 것은 그야말로 좋았네. 형묘도 군옥봉羣玉峯(주: 보통 산을 미화한 말) 정상에서 술잔 잡았을 때 한 약속을 저버리지 않도록 유념하라는 말, 어떻게 그것을 잊겠는가. 이만 줄이네.

소고가 퇴계의 문하생이었다면 후조당後凋堂 김부필金富弼(주: 김해金垓의 양부)도 퇴계의 문하에 들어가서 수학하였다. 이들은 회당과 마음이나 뜻이 서로 맞았던 벗들이다.

안음安陰의 갈천葛川 임훈林薫(1500~1584), 함양咸陽의 옥계玉溪

노진盧稹(1518~1578), 성주星州의 칠봉七峯 김희삼金希參(1507~1560, 동강 김우옹의 부친), 산음山陰의 덕계德溪 오건吳健(1521~1574), 안동安東의 약포藥圃 정탁鄭琢(1526~1605) 등은 학문에 철저히 힘쓰고 몸가짐과 행실이 빛나는데다 충성과 효도의 큰 절개가 있었던 인물들이다. 곧 남명의 문하에서 수학하며 도의지교를 맺은 벗들이다.

이렇듯 회당은 용암 박운, 신재 주세붕, 퇴계 이황, 남명 조식 등 당대 석학들의 문하에 두루 유학하여 학문의 대방편大方便을 들었으며, 그 가르침을 몸소 실천했던 인물이라 할 것이다. 신재가 세운 백운동서원에서 월천 조목, 약봉 김극일, 지산 김팔원 등과 강론하며 교유하였고, 퇴계의 문하에서 수학하며 소고 박승임, 후조당 김부필 등과 사귀었으며, 남명의 문하에서 수학하며 갈천 임훈, 옥계 노진, 칠봉 김희삼, 덕계 오건, 약포 정탁 등을 마음의 벗으로 삼았다.

이처럼 회당의 사우관계를 아주 조금이나마 알 수 있었던 것은 그의 손자 신열도가 「사우록」을 편했기 때문이다. 그 「사우록」에 대해 1750년 12월 동짓날 권상일權相一은 발문을 지었으니, 그것을 인용하면 다음과 같다.

이 「사우록」은 선생의 손자 난재공懶齋公(주: 신열도)이 편한 것이다. 처음에 선생의 형님 정은공靜隱公(주: 신원복)께서 선생의 「효우록孝友錄」을 찬하고, 인재訒齋 최현崔晛 공이 그 「효우

록」을 참고해서 묘지문墓誌文을 지었다. 이러한 까닭에 선생이 연원의 정통을 주고받은 취지 및 금란金蘭 같은 사람들과 사귀면서 학문을 연마한 사실 등이 상세하지 않았다. 이것이 「사우록」을 짓게 된 이유이다.

삼가 살펴보건대, 1543년에 선생은 경의를 표하는 글을 지니고 신재愼齋 선생을 뵈러 죽계竹溪로 갔고, 그해 겨울 죽계에서 퇴도退陶(주: 이황李滉) 선생을 뵈러 계상溪上으로 갔으며, 6년 뒤인 1549년에 다시 퇴도 선생을 뵈러 풍기 군수豐基郡守 관아로 갔으며, 1554년에 무릉武陵에서 남명南冥 선생을 뵈러 덕산德山 별장으로 갔다. 선생은 대체로 일찍이 세 분 선생의 문하에 출입하였는데, 퇴도 선생의 문하에 출입하였으니 문적文蹟은 상고詳考하면 그만이지만, 당시에 혼자에게만 전하여 은밀히 부탁한 뜻은 증험할 수가 없다. 그렇지만 시험 삼아 선생의 원고를 가지고서 평소의 언행을 돌아보면, 선생의 학문은 신재 선생으로부터 발단한 것이고 남명 선생에 의해 눈으로 보고 마음으로 느낀 것이며, 만년에 도덕을 증진시킨 것은 퇴계의 문하에서 훈도 받은 바가 실로 깊었다고 하겠다.

또한 당시의 이름난 선비들, 가령 금계錦溪 황준량黃俊良, 소고嘯皐 박승임朴承任, 월천月川 조목趙穆, 지산芝山 김팔원金八元 같은 선배들과는 도의道義로 서로 높이 받들어 귀하게 여기기도 하고, 문장을 서로 주고받기도 하였다.

무릇 누군들 동문수학하던 벗들이 아니랴만, 하서河西 김인후金麟厚 같은 이는 특별히 서로 뜻이 통하는 지기知己로서의 감회가 있었다. (인종이 승하하자) 선생이 3년 동안 육식을 하지 않고 거친 밥을 먹은 것과 하서가 7개월 동안 통곡한 것은 지극한 정성으로 측은하게 여기는 감정에서 똑같이 나온 것이다. 선생이 장수현長水縣 학관學官이 되었을 때 용문龍門 조욱趙昱과 함께 곧바로 찾아갔다. 곧 『주역周易』에서 일컬은 '같은 소리끼리 서로 응하고 같은 기운끼리 서로 찾는다' 는 것을 선생이 취한 것이다. 이것이야말로 또 선생의 대절大節이 없어지지 않은 것이니, 이 「사우록」을 짓지 않을 수 없었을 것이다. 중간에 여러 후손들이 난재공의 상자 속에서 이 「사우록」을 찾게 되자 장차 붙여서 간행하기로 도모하고, 원고 아래에다 비천한 나의 말을 기록하기를 청하였다. 삼가 생각건대, 난재공은 선생의 친손자로서 지식이 얕은 자처럼 자기가 좋아하는 분이라고 아첨하지는 않았을 것이고, 찬술한 연보年譜 등 모두가 고증이 되어 있어서 후세에 증거로 내세울 수 있는데, 어찌 비천한 내가 여러 말을 할 필요가 있으랴. 다만 어루만지며 흠모한 나머지 소감이 없을 수가 없는지라, 중간에다 몇 마디의 말을 지어서 행장이나 묘지문에 빠진 부분에 보충이라도 하고, 아울러 은미한 것을 드러내고 숨겨진 것을 밝히려는 뜻을 붙일 따름이노라.

이 글에는 「사우록」을 짓게 된 동기, 회당이 거유명현 문하에서 수학한 의의, 도의지교를 맺은 인물들에 대한 평가 등이 있어서 한 번 읽어보면 좋을 듯하다. 회당이 영남학맥의 계통을 두터이 이었음은 굳이 다시 덧붙일 필요가 없을 정도이다.

4) 업유재 창건과 장천서원 건립

의성 향교는 의성군 의성읍 도동리에 있다. 1982년 2월 24일 경상북도 유형문화재 제150호로 지정되었다. 1394년에 창건된 건물로 1545년에 중수하였는데, 대성전과 명륜당은 1745년에 다시 중수하였고, 광풍루는 1726년과 1910년 두 차례에 걸쳐 중수하였다고 한다.

회당은 1544년 죽계竹溪에 머무르고 있을 때 소고嘯皐 박승임朴承任에게서 영천榮川(주: 지금의 영주榮州)의 학제學制가 훌륭하다는 말을 들었는데, 33세 때인 1548년 가을에 그것을 따라 업유재業儒齋를 창건하였다. 업유業儒는 벼슬할 수 있는 집안의 자제로서 아직 벼슬하지 못하여 학문에 종사하는 사람이라는 뜻이니, 업유재는 일종의 향교鄕校 부속 건물로서 향교의 강학講學 기능을 담당한 학당學堂이었을 것이다. 지금의 의성 향교를 보면 그 출입구는

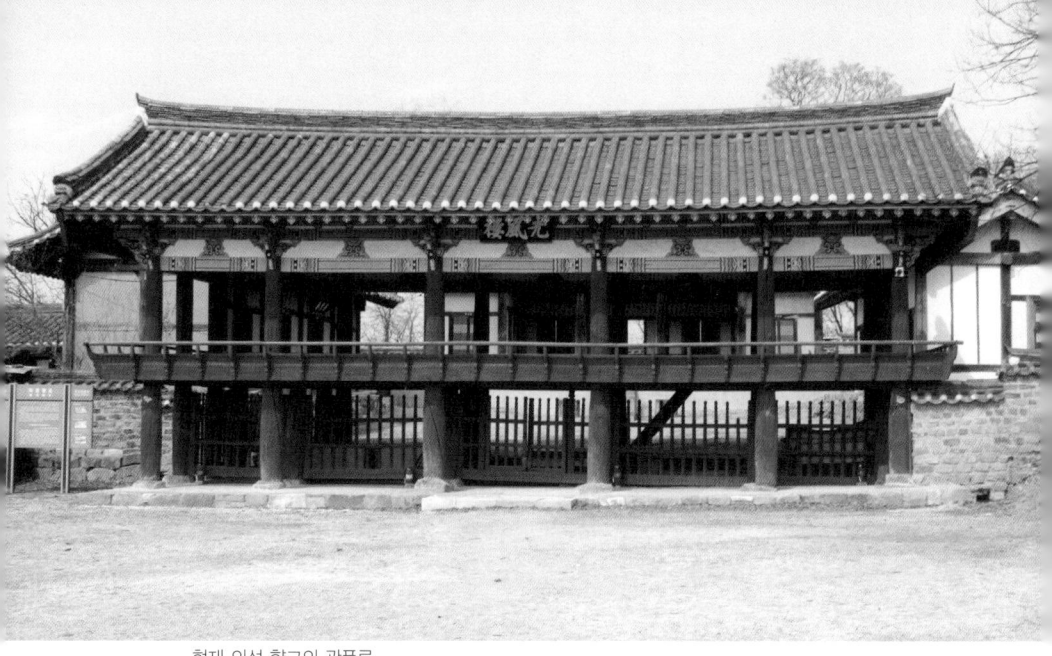

현재 의성 향교의 광풍루

문루 형태의 2층 건물이다. 아래로는 문을 내서 사람들이 드나들
도록 되어 있고, 위는 누각으로 강학을 하거나 시문을 읊거나 경
관을 조망하면서 휴식을 취하도록 되어 있다. 곧 경치를 즐기면
서 학문을 연마하도록 하였다.

　의성현 향교의 학자금은 당초 모재慕齋 김안국金安國으로부터
시작되었다. 회당은 30세 때인 1545년 10월에 이미 그 학자學資의
전말에 대한 기문記文을 청하는 편지를 신재 주세붕에게 올렸다.
다음은 「신재 주세붕 선생에게 올리는 편지[上愼齋周先生]」이다.

삼가 도를 닦으시는 몸께서 신명이 돌보듯 만복을 누리시기 바라나이다. 가만히 생각하건대, 모재 김안국 상공相公은 본현本縣(주: 의성현義城縣)의 사람으로 그 선조의 산소가 본현의 남쪽 오토산五土山에 있기 때문에 바야흐로 조정에 있을 때 무릇 우리 고을을 돌보시는 것이 지극하지 않은 바가 없었사옵니다. 1517년에 상공은 임금님의 명령으로 영남의 풍속을 살피시면서 인재 양성의 근본에 힘쓰고자 『소학小學』 보급을 우선하고, 백성들을 다스리는 방도에 힘쓰고자 예교禮教를 으뜸으로 삼으셨습니다. 일찍이 순찰차 본현에 당도하시어 선성先聖을 배알하는 예를 마치자 명륜당明倫堂에 좌정하시고는 유생들을 불러서 훈계하셨습니다. "학업은 부지런히 힘쓰면 정진되고 놀면 황폐해지며, 행실은 생각에 의해 이루어지고 마음대로 허물어진다고 하였으니, 너희 유생들은 나의 이 말을 명심하여 저버리지 말기를 바라노라." 그리고는 시를 지으셔서 벽에다 부치셨는데, 다음과 같았습니다.

바른 길 바르지 못한 길을 분별하는데 착오가 생기기 쉬우니,
경전을 암송하고 시문을 짓고 하는 데만 분분해야 하랴.
부디 정자程子와 주자朱子의 가르침을 마음에 새기어,
『소학小學』 공부가 나날이 더 발전이 있도록 하라.

마침내 상공은 곡식 80섬을 베풀어 주시며 그 본전은 남겨두고 이자를 취하여 영구히 강학講學하는 자금으로 쓰게 하였으니, 시종일관 권유하시는 뜻이 더할 수 없이 지극하셨습니다. 바로 이러한 때에 상공이 지은 시를 보고 강학자금의 혜택을 받아서 향교鄕校에 드나들던 자들은 감동하여 분발하지 않을 수 없어 서로 다음과 같이 경계하고 충고하였습니다. "이는 우리 상공께서 우리 후학들에게 은혜를 베풀어 주신 것이니, 만일 이것이 강학자금으로 쓰이지 않는 경우가 생기면 장차 상공에게 죄인이 되는 것이라."

그러나 불행히도 곡식을 관리하던 전수자典守者가 거두고 보관하는 데 조심하지 않고, 내주고 받아들이는 데 절제하지 않아서 1533년의 흉년에 이르러 아주 적은 양의 곡식조차도 전혀 남아 있지 않으니, 온 고을의 선비들이 분개하지 않은 이가 없었사옵니다. 1543년에 청도인淸道人 예궐성芮厥成 군이 고을의 훈도訓導가 되어 와서 옛 모습대로 회복하는 것에 뜻을 두고 유생들의 소청을 현령 장세침張世沈에게 아뢰었습니다. 현령이 이를 듣고서 다시 학자學資를 베푸는데 하나같이 모재 상공의 전례대로 의거하여 시행하고, 또 유생들에게 영구히 준수하겠다는 뜻을 전달하였습니다.

아! 모재 상공께서 우리 고을에 은혜를 베푸심은 진실로 보통사람의 생각보다 만 배나 뛰어난 것이었으니, 우리 고을이 그

혜택을 받음은 또한 어찌 학문을 일으킬 아주 굉장한 기회가 아니었겠습니까. 하물며 이미 거의 끊어지게 된 마당에서 이제 다시 이어준 예군芮君과 장후張侯의 뜻 또한 우연한 것이 아니었습니다. 어찌 그 전말을 기록하여 성대한 자취를 드러내고 후진을 경계하지 않을 수 있겠사옵니까? 유생들이 고루하여 들은 것이 적어서 비록 상공의 남긴 가르침을 좇지 못하더라도 격려하여 분발하도록 하는 것은 실로 상공의 은혜에 힘입었기 때문에 감히 기記를 지어달라고 청을 드리옵니다. 삼가 선생께서는 한 편을 지어서 행적을 선양하는 뜻을 후학들에게 무궁히 보여주시면 매우 다행이겠사옵니다.

이 글을 보면, 의성현의 학자금學資金은 모재 김안국으로부터 비롯되었음을 알 수 있다. 모재는 의성 사람으로 경상도 관찰사였을 때 곡식 80섬을 지급하여 의성현의 유생들이 강학하는 자금으로 쓰게 했던 것이다. 그 이후로 여러 해 동안 실행되지 않았을 뿐만 아니라 관리자의 잘못으로 인하여 학자금이 죄다 없어졌다. 그러다가 1543년에 예궐성이 훈도가 되어 의성현령 장세침에게 아뢰니, 현령이 다시 학자를 주는 데 하나같이 모재의 전례前例대로 실행하였다. 그래서 회당은 그 전말을 갖추어 서술하여서 신재 주세붕에게 그 기문記文을 청했던 것이다.

신재의 학자기學資記는 의성 향교에 있다고 전해지나 확인하

지 못했다. 그렇지만 주세붕의 시문집인 『무릉잡고武陵雜稿』 권7 원집原集에 수록된 「의성향교중립보속기義城鄉校重立寶粟記」가 있다. 이는 회당의 청에 따라 1545년 12월 10일에 성균관 사성成均館司成 주세붕이 지은 기문이다.

1548년에는 당시 업유재를 창건하기 위해 고을의 동지들과 함께 의논하여 업유재의 조목條目을 정하면서 하나같이 영주榮州 학제의 조목을 따랐던 것 같다. 이는 회당의 「업유재에 대해 의논하고 합의한 문서[業儒齋完議]」에 잘 나타나 있다.

우리 고을에 학자學資 곡식은 모재 김안국 상공相公으로부터 비롯되었는데, 그 원래의 곡식이 80섬이라 그 이자가 40섬이 되었고, 그 이자 40섬을 방아 찧으면 10여 명이 서너 달의 생활을 지탱할 수 있었다. 온 경내의 선비들이 학문을 익히기 위해 모여드는 거접居接(주: 임시로 거주함) 때면 유사有司된 자가 때로는 곡식이 민간에 흩어져 있다고 하거나 때로는 향교에 이용되었다고 하면서 온갖 핑계를 대며 제멋대로 써버려서 적은 양의 곡식조차도 전혀 남아 있지 않으니, 모재 상공이 후학을 장려하신 뜻에 우러러 답하는 방도가 매우 아닌 것이었다. 다행히 예군芮君이 소청을 드렸고 장후張侯(주: 당시 현령 장세침張世沈)가 듣고서 학자를 베풀어서 전례前例대로 의거하여 다시 세운 것이 지금 5, 6년이 되었는데, 학자를 맡아 책임진 자가

남용하는 폐단은 아직도 혁파되지 않았다. 만약 이대로 가면서 그치지 않는다면 어찌 날로 달로 사라져 남는 것이 없지 않을 수 있겠는가. 조금 전에 어진 수령이 새로 부임해 와도 쇠하여 없어졌던 온갖 일이 다시 일어나니, 이때가 바로 학규學規를 고쳐 새롭게 해야 할 때인 것이다.

많은 선비들, 글방의 학생들, 유사가 합의하여 태수太守에게 나아가 아뢰며 영구히 보존할 방도를 상의하니, 태수가 말하기를 "무릇 향교에 학자學資가 있는 곳은 이곳만이 아니다. 학유學由니 자비資備니 하는 것은 모두 학생이 학문을 연마하는 데 쓰이는 학비가 아닌 것이 없는데, 명색이 선비라는 자들이 그 본래의 뜻을 돌아보지 아니하고 제멋대로 낭비하는 고질적인 폐단을 만들었으니 참으로 통탄할 일이로다. 하물며 이 학자는 모재 상공이 창시한 것임에랴. 보통의 학자에 견줄 것이 아니거늘 오래된 폐단이 이미 고질적이어서 거의 없어질 지경이니, 이것을 말하자니 한심스럽도다. 지금 모름지기 하나같이 영주榮州의 업유재業儒齋 규칙에 의거하여 곡식을 분별케 하되, 여러 유생들 가운데 입격자入格者를 뽑아서 맡겨 영구히 인재를 양성하는 곳으로 삼으면, 상공이 하사하신 것에 대해 어찌 길이 그 덕택을 힘입게 되는 것이 아니랴." 라고 하였다. 유사가 태수의 명을 듣고 나와서 동지들에게 알렸다. 이에 새로운 규칙을 정하고 업유재를 창건하였다.

회당이 새로운 규칙을 정하고 창건한 엄유재는 유생들을 모아 학문을 가르쳤던 이른바 후진 양성소였다. 그 이후로 구체적인 시기는 알 수 없으나 삼일재三一齋로 바뀌어 불렸다고 한다. 삼일三一은 맹자孟子가 군자에게는 세 가지 즐거움이 있다고 한 데서 나온 말이다. 곧, '첫째는 부모님이 모두 살아계시고 형제가 무고한 즐거움이요, 둘째는 하늘에 부끄럽지 않고 사람에게 부끄럽지 않은 즐거움이며, 셋째는 천하의 영재들을 가르치는 즐거움이다' 고 한 군자삼락君子三樂의 하나인 교육을 뜻한다. 이 삼일재도 일제 강점기 때는 소주학당韶州學堂이라 불렸던 것으로 전해지나, 확인할 자료가 없다.

다음으로 회당이 학문 진흥을 위한 장천서원을 건립한 과정을 살펴보자. 회당은 28세 때인 1543년 백운동서원에 가서 독서하다가 그 이듬해인 1544년 겨울에 귀향하였다. 이때 그는 형 신원복에게 "풍기豐基에는 서원이 세워졌으니, 이는 사문斯文의 매우 거룩한 일입니다. 우리 고을도 어찌 학문 닦을 곳을 만들지 않을 수 있겠습니까?"라고 하였다고 한다. 그 즈음 이미 회당은 의성에 서원을 지으려는 뜻을 품었던 것으로 보인다. 그러다가 장수현 훈도 시절인 1551년 가을에 하서河西 김인후金麟厚를 직접 한 번 찾아뵈었는데, 하서로부터 의성 사람 모재慕齋 김안국金安國의 도학道學 연원이 성대함을 듣게 되자, 비로소 사당을 세워서

모재를 우러러 공경하며 받들 뜻을 확고히 가지게 되었던 것 같다. 그리하여 회당은 장천서원長川書院을 1556년에 짓기 시작하여 14년 만인 1570년에 완성하였다. 그 장천서원 건립의 전말을 기록한 「장천서원영건전말長川書院營建顚末」이 있는바, 이를 소개하기로 한다. 1556년 서원건립을 위한 향회鄕會가 베풀어진 시점에서부터 1570년 이양원李陽元이 서원의 이름을 붙여주는 데 이르기까지 자세하게 기술되어 있다.

회당은 41세 때인 1556년 2월, 고을사람들과 서원 세울 것을 의논하였다. 향교鄕校에서 향회鄕會(주: 고을의 일을 의논하기 위한 고을사람들의 모임)를 열었는데, 거기에 모인 사람들에게 회당이 제의하기를, "신재愼齋 주세붕周世鵬 선생이 소수서원紹修書院을 처음 세우신 이후로 영양永陽(주: 영천의 임고면)의 임고서원臨皐書院과 화산華山(주: 신녕, 현재 영천의 화남면)의 백학서원白鶴書院이 그 뒤를 이어서 세워졌으나, 우리 고을만은 고요합니다. 학생을 양성할 학자금은 있어도 학문을 강론할 장소가 없거늘, 계획만 껴안고는 갈팡질팡하면서 한갓 일을 꼼꼼하게 처리하지 않고 세월만 보내고 있는데, 어찌 서원을 건립해서 학생들로 하여금 의욕이 솟도록 하지 않는단 말입니까?'라고 했다. 그러자 고을사람들이 모두 좋다고 하여, 마침내 서원을 세우기로 결의했다. 임고서원은 1553년 정몽주鄭夢周의 충절을 기리기 위해서 임고면 고천동 부래산에 창건한 서원이며, 백학서원은 1555년 당시 신녕 현감新寧

縣監이었던 금계錦溪 황준량黃俊良이 지역 유림들과 더불어 건립한 서원이다.

그해 3월에 동지들과 지리를 살피니, 의성현義城縣의 남쪽에 있는 구성산九成山 밑, 장천長川의 위에 지금껏 버려둔 옛 성이 있는데 성가퀴는 완연히 남아있었다. 현縣과의 거리는 겨우 5리인데, 산과 물이 에워싸서 시전市廛이 범접하지 못할 곳이었다. 높아서 멀리 내다볼 수 있는 지세이고, 한적해서 속세를 벗어나는 그윽한 정취가 있으니, 참으로 학생들이 학문을 닦을 만한 곳이었다. 다만, 농부의 밭이 그 가운데 있어서 선뜻 건립을 시행할 수가 없었으므로 이윤한李胤韓 현령에게 이 사실을 아뢰니, 현령은 바로 공전公田으로서 바꾸어주고 또한 필요한 물자 등을 내놓아 계획이 이루어질 수 있도록 하였다. 대략 갖추어졌으나 바야흐로 농사철이라 바로 착공할 수가 없었다. 그 부지의 동쪽 언저리에는 장문우蔣文友의 밭이 있었는데, 그가 자발적으로 주어서 터를 넓힐 수 있었다. 장문우는 고을의 뜻있는 선비였다고 한다.

1557년 봄, 비로소 서원 짓는 일이 시작되었다. 유생儒生으로 하여금 이 사실을 갖추어 경상도 관찰사 유강兪絳(1510~1570)에게 고하게 하였다. 유강은 인품이 관후하고 인자하였으나 관직에 있으면서 업무를 처리할 때는 매우 엄하여 자연히 탐관오리들의 부정부패가 일소되었다. 문무를 겸비한 그의 재주가 높이 평가되어 특별히 영남지방의 관찰사로 임명되었던 것이다. 유강이

정철正鐵 50근과 속목贖木 15단을 베풀고 또 인부를 보내는 공문서까지 내리며 도와주었다. 그리하여 드디어 대사大事가 시작된 것이다. 가운데 높은 곳은 깎아서 움푹 꺼진 곳을 메우고 단단한 바위는 깎아서 없애어 자리를 잡은 곳이 고르고 평평하게 한 뒤에야 먼저 정당正堂 10여 칸을 세우려 하였다. 그 규모가 워낙 크고도 넓은지라 착수한 지 반 년 만에 서까래만 걸고 중지하였다고 한다.

1558년 봄, 다시 서원 짓는 공사가 시작되었는데, 큰비를 만나서 그만 멈추어야 했다. 이로부터 해마다 흉년이 들어 토목공사를 할 겨를이 없었던 것이 거의 10여 년이나 되었다. 방치된 채로 세워 놓은 정당만이 잡초 속에 우뚝하게 서 있었으니, 고을의 동남으로 지나가는 자이면 손으로 가리키며 서글퍼하지 않는 이가 없었다고 한다. 이에 회당은 동지들과 의논하면서 "서원을 지으려 한 것은 학문을 일으켜서 인재를 육성하기 위함이었거늘 시공한 지 10여 년에 아직까지도 완성하지 못하고 있으니, 이것이 어찌 우리들이 계획한 본래의 뜻이었겠는가?"라고 말하였다.

1568년에 안응균安應鈞이 고을의 현령으로 오자, 회당은 그에게 이런 사정을 아뢰었다. 현령은 서원 짓는 공사가 중도에 멈춰 있음을 깊이 개탄하였다. 안응균은 광주안씨廣州安氏 안택安宅의 둘째 아들로 1556년 별시 문과에 급제한 인물이다. 그는 가마를 타고 빈번히 오가면서 온 마음을 다해 관리하였는데, 중들을

모집하여 자재資材를 수송하고 노비들을 동원하여 사역使役케 하였다. 그래서 백성들을 힘들거나 다치게 하지 않고도 공사의 실마리를 얻게 되었다. 또 품관品官 1인과 늙은 아전 2명을 선정해서 처리하도록 하였다. 그런데 공사를 시작한 지 겨우 반 달 만에 현령이 갑자기 파면되어 돌아가게 되었다. 서원 짓는 공사가 중단되는 불행이 되풀이되고 있었다.

1569년 2월, 박인호朴仁豪가 현령으로 왔다. 그는 무릇 학교를 일으키고 선비를 권면하는 방도와 관계되는 것이면 극진히 하지 않음이 없었는데, 서원 짓는 일에 더욱 돌보고 돌보았다. 재목이 썩은 것은 새것으로 바꾸고 기왓장이 깨진 것은 다시 구워 덮으며, 양식은 자신의 월급을 덜어 충당하고 인부人夫는 유민遊民(주: 직업이 없이 놀며 지내는 사람)으로 뽑아 썼다. 그가 대책을 세워 행하는 방식은 이전 현령보다도 더욱 치밀하였다. 이때 상국相國 이양원李陽元이 경상도 관찰사였는데, 또한 정조正租(주: 벼) 15섬과 정철正鐵 30근을 베풀어 도와주니, 돌과 목재들이 다 갖추어지고 물자가 모두 풍부해졌다. 그러자 장인匠人과 인부들도 근면하였을 뿐 자신의 수고를 말하지 않았다. 이렇게 하기를 5개월이 되어서 서원 짓기를 끝내고 준공하였다.

정당 앞에는 고루高樓가 섰고, 동서 양편에는 재각齋閣이 있고, 푸줏간과 곳집이 세워졌고, 담장을 둘렀고 문이 달려 있다. 모두 기와로 덮었는데 총 30여 칸이었다. 마루에 올라서 보면 많

은 산봉우리들이 둘러있고, 난간에 기대어 듣노라면 시냇물 흐르는 소리가 맑으니, 가슴이 상쾌하고 탁 트였다. 바로 여러 학생들이 함께 학업을 익힐 곳으로 합당하였다. 부근의 학생들이 소문만 듣고도 일어나서 서책을 품고 오는 자가 날마다 끊이지 않고 잇달았지만 다 수용할 수가 없었다. 그리하여 백운동서원의 규칙에 의거해서 재주와 학식을 갖춘 자들을 뽑았다. 1569년 겨울부터 비로소 재사齋舍에 기숙하며 학문을 닦기 시작하였다.

1570년 봄, 이양원 관찰사가 순시하다가 본원에 찾아왔다. 여러 학생들이 원호院號를 청하자, 그는 '장천長川'이라 명명하였다. 그것은 동네 이름에 기인한 것이었다.

회당은 장천서원이 완공된 것에 대한 감회가 남달랐다. "우리 고을의 서원이 1556년에 건립되기 시작하여 1569년에 이르러 공사를 마치기까지 모두 14년이나 걸렸는데, 헐었다가 다시 짓고, 짓기 시작했다가 다시 허는 등 반복되면서 모욕과 비방을 당한 것이 무릇 몇 번이나 되었다. 다행스럽게도 우리 인자한 현령이 온 마음을 다하여 애써서 관리해준 것과 어진 관찰사가 형편대로 베풀어서 권장해준 것에 힘입어 오랜 세월이 흐르는 동안거의 짓지 못할 뻔했던 역사役事가 지금에 이르러 완성되었으니, 아! 성대하고 다행일러라. 우리 학생들은 이곳에서 밤낮으로 함께 지내며 단지 훈고訓詁나 사장詞章의 말예末藝만 힘쓸 것이 아니라, 오로지 위기지학爲己之學(주: 스스로를 닦고 돌보는 학문)에 온 마음

을 쏟아 그 의리를 탐구하고 그 명성과 행실을 갈고 닦아서 우리 인자한 현령과 어진 관찰사의 학문을 일으켜 인재를 기르려는 거룩하신 뜻을 저버리지만 않으면 어찌 크나큰 다행이 아니랴. 이미 여러 유생들에게 말하고 나서 장천서원을 짓게 된 경위를 기록하여 서원의 벽에다가 붙여, 후세에 이 서원에 종사하는 자로 하여금 우리들이 당시에 근실하게 마음 쓴 것이 또한 이와 같았음을 알게 하고자 하는 바이다."라고 한 것에서 이러한 사정을 잘 알 수 있다.

지난한 과정을 거쳐 순수한 학문연구와 교육에 목적을 둔 사설 교육기관이 세워졌지만, 회당이 서원 내에 사당 및 장경실藏經室(경서를 수장하는 문고)을 세우지 못한 것을 허물로 여겼음은 1570년 「서원의 군자들에게 답한 글[答院中諸君子]」에서 알 수 있다. 다음은 그 글의 일부이다.

원록元祿은 타고난 자질이 치밀하지도 못하고 학식도 얕아 변변한 곳이 하나도 없으나 한 가닥의 양심만은 겨우 없어지지 않고 있어서, 서원을 세우는 일에 부지런하고 성실하였던 것이 진실로 1, 2년이 아니었습니다. 처음부터 모욕과 비방을 당한 것이 얼마나 되는지 알 수가 없을 정도지만, 어리석게도 스스로 헤아리지 못하고 애써 설득하기를 그만두지 않았었는데, 오늘날에 이르러서도 이 마음은 여전히 조금도 게으르지 아니

합니다. 학자學資를 다시 세우는 것, 업유재業儒齋를 새로 세우는 것, 서원을 운영하는 것 등은 비록 감히 제 자신의 공이라고 일컫는 것은 아니지만 구구하게 힘을 기울인 면으로 보면 역시 부지런하지 않음이 없었으니, 전후 기록을 살펴보면 또한 그 뜻하는 바를 알 수 있을 것입니다.

돌아보건대, 지금 서원이 비록 지어졌어도 여전히 묘우廟宇(주: 신위 모시는 집)와 장경실藏經室(주: 경서 및 향교의 중요한 서책을 보관하는 서고)이 세워지지 않았으니, 이것은 유사有司의 허물입니다. 어찌 감히 군자들에게 용서해주시기를 바라겠습니까. 단지 이러쿵저러쿵 하는 공론公論들이 서로 어긋나고 다름이 이미 심한데다 경비까지 한없이 들어감이 또한 매우 심하니, 유사가 아무리 애쓴들 장차 어떻게 하겠습니까. 당초의 동지들이 다시 논의한다 해도 이 일에 대해 언급하는 자가 있겠습니까. 다만 덕이 크고 높은 사람이 헤아릴 때에만 이 점을 서로 노력할 수 있을 것입니다.

그리하여 2년이 지난 뒤인 1572년에는 장천서원 내에 사당을 세워서 모재慕齋 김안국金安國(1478~1543)과 회재晦齋 이언적李彦迪(1491~1553)을 제향祭享하였다. 그리고 1575년에 회당은 퇴계가 백운동서원을 소수서원이라는 사액서원으로 승격시킨 것을 본받아서, 사림들과 함께 관찰사에게 편지글을 올려 조정에 아뢰어

줄 것을 청하였다. 그리고 마침내 1576년 선조宣祖로부터 장천서원이라는 사액을 받았다.

그러나 장천서원은 임진왜란으로 소실되고 말았다. 이에 1600년 의성현 유림들의 논의를 거쳐 학동鶴洞 이광준李光俊 (1531~1609)의 주도 하에 빙산사氷山寺 옛 터로 옮겨 세우기로 하였다. 전란을 겪은 지 얼마 되지 않은 시기였기 때문에 옛 재목과 남은 기와를 주로 활용하여 그 이듬해인 1601년에 준공하였다. 이때 서원의 이름을 빙계氷溪로 고쳤는데, 서원의 건물은 강당講堂, 동재東齋, 서재西齋, 전루前樓, 동몽재童蒙齋, 공수청公需廳 등 총 30여 칸으로 되었다. 비록 전란 직후의 어려움 속에 건립했지만 학궁의 규모는 충분히 갖추었다고 한다. 다만, 남몽뢰南夢賚 (1620~1681)가 1666년 4월에 쓴 「빙계서원기氷溪書院記」에 따르면 마루가 좁고 연못이 없는 것을 아쉬워했던 것으로 보인다. 다음의 글은 그 일부인데, 번역문은 '장달수의 한국학 카페'에서 가져오면서 약간 손질하였다. 인터넷에서는 2006년에 김양동金洋東이 쓴 것으로 소개되어 있다.

삼가 살펴보면 의성 고을은 곧 모재 김안국과 회재 이언적의 유풍이 서린 땅이다. 1556년에 회당 신원록 선생이 처음으로 서원을 의성현 남쪽 5리 밖 장천 위에 세우기로 의논하여 두 선생의 제사를 지내왔다. 이어 1576년에 선조宣祖께서 장천서

원長川書院이란 사액을 내리시니, 곧 현인을 드러내는 전례典禮였다. 오늘 다시 『대명일통지大明一統志』를 살펴보면, 중국 사람들은 정자程子와 주자朱子 등의 학자가 잠시 머물렀던 곳이나 소영嘯詠했던 땅에도 서원을 일으키지 않은 곳이 없을 정도로 숭상하고 떠받드는 것에 정성을 다하고 있는데, 어찌 우리 고을에 있어서 두 선생의 사당이 없을 수 있겠는가? 선배들이 서원을 세워 향례享禮를 올리고 선조宣祖께서 사액의 은총을 내려 포상한 것은 지극히 옳은 일이다.

얼마 후 임진왜란으로 서원이 결딴났고, 뒤이어 장천에서 빙계冰溪의 남쪽으로 옮겨 세워졌다. 장천의 옛 터는 의성현의 읍 가까이에 있어 거마의 분주함과 시장의 시끄러움으로 후학들이 책을 읽고 학문에 힘쓰기에 맞지 않았기 때문이니, 어찌 병화의 이유뿐이었을까 싶다. 빙계는 멀리 의성현 남쪽 40리 밖에 있으며 외산外山이 돌아 수려하고 땅이 외져 그윽하다. 아래에는 석간石澗과 비천飛泉이 있어 그 맑은 물이 자랑스럽고 또 풍암과 빙혈이 있어 여름에도 찬 기운이 감돌아 사람들의 마음을 맑게 하니, 신인손辛引孫의 시에 이른바 빙산의 명승은 나라의 으뜸이라고 읊은 그것이다. 옛날에는 태일전太一殿과 빙산사氷山寺라는 절이 있었는데 어느 시대에 창건한 지 알 수 없었고, 1478년에 태일전은 태안군泰安郡으로 옮겨 갔으며 1592년 병화에 빙산사는 불타고 말았으니, 역시 간비慳秘의

뜻이 오늘의 유궁儒宮에 있었음이 아닌가 한다.

때는 상국 이광준이 이건移建을 주도하면서 조정에 품신하고 복지卜地를 거치지 않은 채 서원을 이건할 논의를 결정하니 바로 1600년이었다. 그때만 해도 대란을 겪은 뒤라 민물民物이 부족했고 민폐를 염려하여 일을 추진함에 있어서 옛 재목과 남은 기와를 많이 활용하여 이듬해 신축에 준공하였다. 서원 건물은 강당과 동재와 서재, 그리고 전루前樓, 동몽재, 공수청公需廳 등 총 30여 칸으로 되었다. 비록 병란 후 어려움 속에 건립했지만 학궁의 규모로써 갖추지 않은 것이 없었다. 그러나 마루가 좁고 연못이 없는 것이 아쉽기도 했다. 그 뒤 세월이 흘러 비가 샐 걱정이 있었을 때 이정숙李廷櫷은 이광준의 손자로서 조부의 뒤를 이어 마루를 늘릴 뜻을 가졌으며, 중건의 책임을 맡아 박전朴㙉과 더불어 공사를 시작했고 감독을 담당하였다.

그 뒤로 1647년 봄에는 이광준의 손자 이정숙李廷櫷과 박전朴㙉의 주도로 묘우廟宇가 지어졌고, 1648년 가을에는 서루書樓, 1654년에는 주방, 1662년에는 강당 등 전후 건물들이 차례로 중건되었다고 한다. 이렇게 될 수 있었던 것은 고을의 장로長老들과 유생들이 힘쓰지 않는 자가 없었고, 고을 관원들이 그 봉록을 출연出捐하여 공사를 도왔기 때문이다. 그리하여 지난날 좁았던 것은 넓히고 낮았던 것은 높여서 제향을 올리는 자나 책을 읽는 자

들이 자유롭게 왕래할 수 있는 여유가 생겼다고 한다.

1689년에는 고을의 선비들이 올린 상소에 따라 서애 류성룡, 학봉 김성일, 여헌 장현광의 위패를 추가로 모셨다. 곧 김안국(1478~1543), 이언적(1491~1553), 김성일(1538~1593), 류성룡(1542~1607), 장현광(1554~1637) 등 5현의 위패가 봉안되었다. 모재와 학봉은 의성이 관향貫鄕이고 회재는 취향娶鄕이며, 서애는 외가향外家鄕으로 사촌沙村이 태지胎地이고 여헌은 의성 현령으로 재임하였으니, 모두 의성과는 깊은 인연이 있는 인물들이라 하겠다.

이렇듯 빙계서원이 있기까지 회당의 공적은 실로 컸다. 회당의 둘째 아들 신흘申仡은 아버지가 세운 장천서원이 소실된 뒤에 그 서원을 빙계서원으로 중건한 학동 이광준에 대한 제문을 지었는데, 빙계서원을 대표하여 지은 것이다. 또한 할아버지가 세운 서원의 원장을 그 손자 호계虎溪 신적도申適道가 맡기도 하였다. 1620년 인목대비仁穆大妃를 서궁西宮에 유폐시킨 패륜에 가담한 관찰사 정조鄭造(1559~1623)가 고을을 순행하기 위해 빙계서원氷溪書院에 찾아왔다가 심원록尋院錄에 이름을 쓰고 간 일이 있었다고 한다. 이때 원장이었던 호계는 여러 유생들에게 "저 인륜을 무시한 난신적자亂臣賊子를 어찌 사림의 반열에 잠시라도 끼워둘 수 있단 말이냐."라고 하고는, 곧장 칼로 그 이름을 깎아내었다. 좌우에 있던 사람들은 모두 가슴 후련하게 여겼으면서도 놀라서 얼굴빛이 변하지 않는 자가 없었다. 얼마 되지 않아서 간사한 소

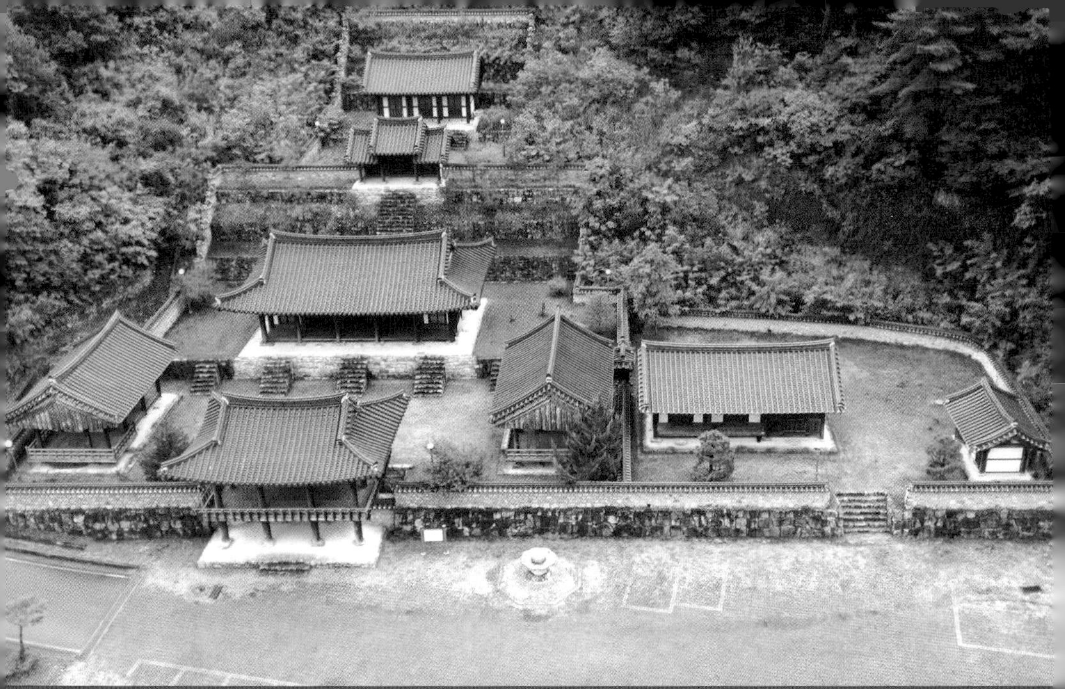

빙계서원 전경

빙계서원의 빙월루

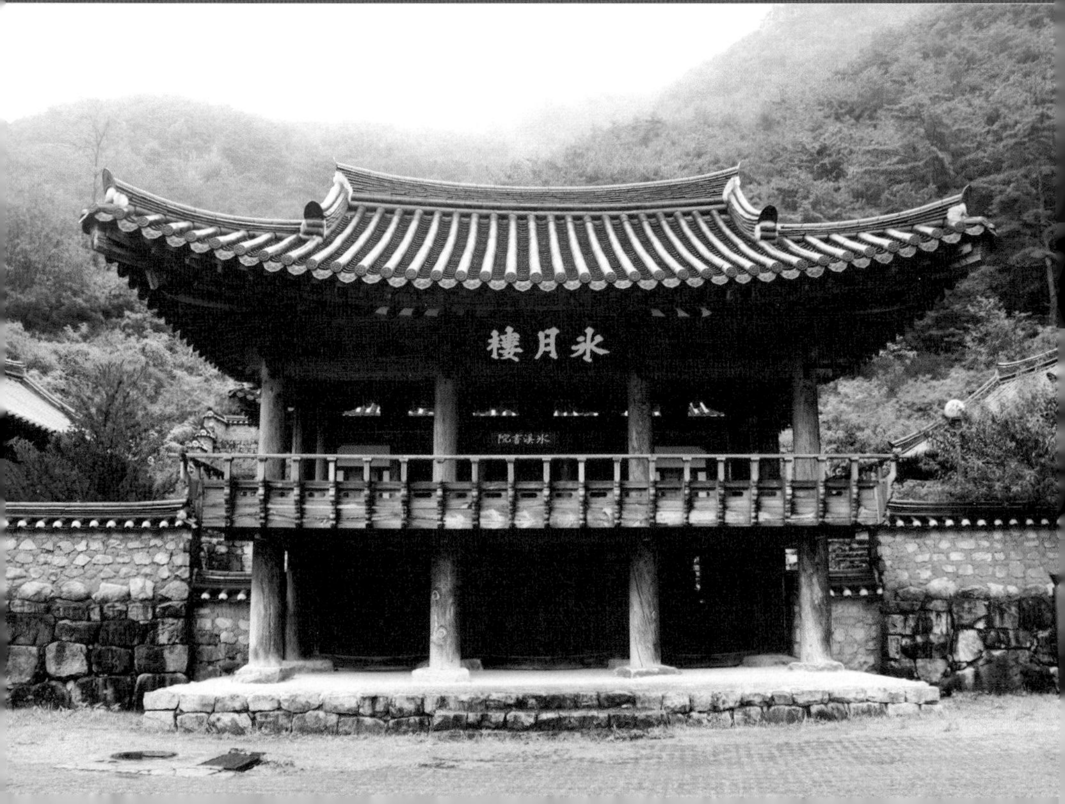

인의 무리들이 정조鄭造에게 아부하기 위해 그 상황을 고해 바쳤다. 정조가 크게 노하여 불꽃같은 노기가 하늘까지 치솟으니, 장차 어떤 화가 닥칠지 헤아릴 수가 없었다. 유생들 모두는 술렁술렁하더니 도망쳐 숨어버렸다. 그러나 호계는 홀로 얼어붙은 듯 움직이지 않고 조용히 심리審理를 받으러 나아가서 행한 말이 엄정한데다 조리가 있으니, 정조가 해칠 수 없었다는 일화가 전한다. 그리고 1814년에는 시남市南 신면주申冕周(1768~1845)가 서원의 중수 책임을 맡아 원묘院廟를 다시 중수한 바 있다. 그는 아주신씨 21세손으로 만오파晚悟派이다. 250여 년 전에 9대조 할아버지가 창건했던 것을 그 후손이 중수했으니, 얼마나 가슴이 벅찼을까는 짐작이 간다 하겠다. 그러나 1868년에 대원군의 서원철폐령으로 훼철되어 오랜 기간 동안 폐허로 남아 있었다. 그러다 2002년 의성지역 유림의 공의를 모아, 2006년 경상북도 북부 유교문화권 관광개발사업의 일환으로 빙계서원이 복원되어 오늘에 이르고 있다.

이로써 현전의 빙계서원은 아주신씨에 의해 창건되고 지켜지고 보존되었다고 해도 과언이 아닐 듯하다.

5) 기민 구제 및 향약 제정

회당은 38세 때인 1553년부터 그 이듬해까지 극심한 흉년으

로 말미암아 생긴 기민飢民들을 진휼賑恤하는 책임을 맡았다. 이 때 고을원의 부탁으로 회당이 굶주린 사람들을 구휼했던 것에 대한 기록이 있는데, 바로 「진제장지賑濟場志」이다.

내가 지난해 여름에 진휼賑恤을 분담하는 책임을 맡았다. 처음에는 동촌東村에서 다음은 북원北院에서 진휼하는데, 진휼을 관장하는 자는 한 사람이나 진휼받기를 원하는 사람은 적지 않은 숫자라, 형편상 사람마다 다 구제해볼 수가 없어서 측은한 생각이 마음에 간절하지 않은 적이 없었다. 그해 가을에 또 흉년이 들어 다시 진휼하려는데, 스스로 생각하니 굶주린 백성을 구휼하는 것은 또한 군자가 사람을 사랑하는 한 가지 일이거늘 어찌 감히 힘들고 천하다고 해서 그만두랴만, 제 자신을 돌아보니 내 마음과 힘으로는 어떻게 해보기가 어려운 것이 있었다. 남의 소나 양을 맡아놓고도 그저 죽어가는 것을 보고만 서있느니 차라리 도리어 그 주인에게 돌려주는 것밖에 나을 것이 없었다. 때문에 곧장 행장을 꾸려 한양漢陽으로 갔다가 호서湖西와 관동關東을 거쳐 7개월이 지난 뒤에야 집으로 돌아왔다.

올 가을의 굶주림은 전년보다도 더 심하였는데, 또 전년의 진휼하는 책임을 다시 맡는 것을 면할 수가 없었다. 비록 형편을 보고서 떠나려고 해도 연로하신 어머니가 집에 계시는지라,

매번 집 떠나가기도 어려움이 있었다. 기왕에 집을 떠나가지 못한다면 정성을 다하고 노심초사하여 오로지 어려운 때 생각하기를 또 어찌 그만둘 수 있으랴. 그달 7일에 사인舍人 이우민 李友閔(1515~1574)이 경차관敬差官(주: 지방에 파견하여 주로 전곡 田穀의 손실을 조사하고 민정을 살피던 임시 벼슬)으로서 순시하다가 나를 찾아왔는데, 일찍부터 그와는 알던 사이라 만나자마자 굶주린 백성들이 절규하며 죽어가는 참상을 언급하니, 그는 "굶주린 백성들이 진휼하는 장소에 나오면 피아彼我의 경계를 따지지 않고 구제하는 것이 옳네."라 하였다. 나는 곧 그가 지휘하는 대로 아침저녁으로 구휼하기를 오직 조심스럽게 한 지 9일이 지나서였다. 누군가가 읍재邑宰(주: 고을 수령)에게 고하면서 "설 쇠기 전에 진휼함은 본디 상사上司의 명이 아니니 잠시 중단하고 기다렸다가 다음해 봄에 시행함이 마땅하다."라고 하니, 읍재가 곧장 중단하라고 명하였다. 며칠이 지난 후에 곧바로 관찰사가 있는 감영監營에서 내려온 영칙營飭은 "진휼할 자가 있으면 진휼하여 굶어죽는 자가 없도록 하라."라고 했다. 그리하여 나는 다시 진휼하는 구호소에 갔더니 이미 주려서 죽은 자가 있었다. 참담함을 이기지 못하고 이날로 곧장 관아에 가서 아뢰고 다시 진휼했다.

오호라! 조정에서 진휼하라는 명령이 비록 이를지라도 받드는 자가 적고, 그나마 받들고자 하는 사람은 나 같이 능력과 민첩

함이 없는 자들이라서 일을 잘하기가 어려웠다. 만약 이대로 가면서 그치지 않는다면 우리 임금이 하늘같이 여기던 백성들은, 목마른 물고기가 기다리다 결국 죽어갈 수밖에 없는 건어물 가게로 왜 아니 돌아가겠는가. 사인舍人의 마음은 비록 매우 부지런하고 지극하였을지라도 서西를 순시하려면 동東을 순시할 수 없어 포기해야 하고 남南을 가려면 북北을 갈 수 없어 역시 포기해야 하나니, 한 사람의 몸으로는 진실로 다 고르게 할 수 없는 것이었다. 나 역시 일이 되어가는 형편과 마음이 서로 어긋났고 절로 견제 받은 바가 많아져서 사람을 구제하여 살리려는 뜻을 수행하지 못하니, 이것이 개탄스러울 따름이다.

1554년 12월 25일 진휼장에서 기록하다

윗글을 보면, 회당은 1553년 4월에 굶주려 죽는 사람이 줄을 잇자, 이를 애통하게 여기고 상심함이 자기가 직접 당한 것처럼 여기는 정도에 그치지 아니 하였던 것 같다. 이에 고을 수령이 진휼하는 책임을 나누어 맡기니, 회당은 "동포들이 잇따라 겪는 기근이 하나같이 이 지경에 이르렀거늘, 어찌 죽어가는 것을 앉아서 지켜만 보고 구제하지 않을 수 있단 말인가?"라고 탄식하였다. 그리고는 형편 닿는 대로 계획을 세워서 성심을 다해 급식하여 온 고을을 모두 살리고, 이웃 고을의 사람들까지도 도와주었

다고 한다. 그해 가을에도 흉년이 들어서 다시 진휼해야 했다. 굶주린 백성을 구휼하는 것은 또한 군자가 사람들을 사랑하는 일의 하나로 여겼지만, 회당의 마음과 힘으로는 어떻게 해보기가 어려운 것이 있었다고 고백하는 데서 기민들의 참상이 어떠했는지 알 수가 있을 듯하다.

진제賑濟는 흉년을 당하여 굶주린 백성들을 구제하는 것인데, 진제곡賑濟穀을 구식곡口食穀(주: 목숨을 유지하기 위한 양식)으로 나누어 주는 것과, 진제장賑濟場을 설치하고 설죽設粥(주: 기민 구제를 위해 마련하는 죽)하여 직접 기민들을 먹이는 것이 있다. 회당은 후자를 책임진 것으로 보인다. 그런데 구휼하는 시기가 같은 해 동안 4월과 가을로 두 차례 나뉘었다는 점에서 분급分給 기간이 정해져 있었던 것 같다. 진제는 1월부터 시작하여 4월말에는 마감하는 것이 관례였다고 한다. 다만 극심한 재해, 보리와 밀의 흉작일 경우에는 겨울에 진제하는 경우도 있다고 한다. 그러니 1553년의 기근이 얼마나 극심했는지 알 수 있다. 회당은 자신의 마음과 힘으로 어찌할 도리가 없어 한양 및 호서와 관동을 거쳐 7개월이 지난 뒤에야 돌아왔다고 고백하였지만, 그 당시 사족들은 진제를 책임지는 것을 기피하는 경향이 있어서 가능한 모든 수단을 동원하였다고 한다. 회당은 "조정에서 진휼하라는 명령이 비록 이를지라도 받드는 자가 적고, 그나마 받들고자 하는 사람은 나 같이 능력과 민첩함이 없는 자들이라서 일을 잘하기가

어려웠다."라는 말로 그것을 뒷받침하고 있다.

1554년에는 흉년이 1553년보다 더 극심하였는지라, 그해 12월에 중앙에서 기근飢饉 상황을 판단하기 위해 이우민李友閔을 경상좌도 구황救荒 경차관敬差官으로 파견한 사실이 기술되어 있다. 이우민은 경상좌도에 내려와 정황을 살피고, 시급히 구황미를 보내라는 장계狀啓를 올려 굶주린 백성들을 구하고자 하였다고 한다. 회당은 이우민이 지휘하는 대로 구휼하다가, 설 쇠기 전에 진휼함은 본디 상사의 명이 아니라면서 중단하라는 고을원의 명에 따라 중단하였던 것과, 관찰사의 명에 의해 다시 진휼하였던 사실을 기록하고 있다.

이를 통해 당시 진제賑濟 시행의 체계를 어렴풋하게나마 알 수가 있다. 지방에서는 각 읍의 수령들이 기민의 등급을 나누고 그 이름을 초록抄錄하여 감사에게 올리면, 감사는 다시 이를 조사하고 정리하여 중앙에 장계로 아뢰었다. 그러면 중앙에서는 이를 검토하고 진제장賑濟場 설치나 구식곡口食穀 분급 여부를 결정하는데, 각 고을의 관아에서는 이에 따라 곡식을 마련하여 진제를 시행하였던 것으로 보인다. 회당이 중앙의 허가 없이 세전歲前에 기민을 구휼한 것이 문제가 되어 진제장을 중간 혁파했다가, 중앙의 허가 명령이 전달된 뒤에야 다시 관청에 고하고 진휼하였다고 하였으니, '세전歲前에' 진제곡賑濟穀을 나누어주는 것이나 기민을 위해 죽을 마련해 주는 것이 중앙에 의해 철저히 감독되

고 통제되었음을 보여준다. 여하한 여러 지역의 진제를 동시에 하는 것은 현실적으로 불가능한 것이었음에도 회당은 균등하게 진휼하지 못하는 고통을 곡진하게 표현하고 있다.

한편, 회당은 44세 때인 1559년, 도산陶山에 있던 퇴계를 뵈러 갔다가 퇴계가 손수 편한 향약을 보았고, 그 이듬해인 1560년 봄에 향약鄕約을 정하였다. 향약은 윤상倫常을 돈독하게 하기 위함인데, 윤상은 인륜의 떳떳하고 변하지 아니하는 도리라는 말이다. 의성향약을 정한 내력에 대해 회당이 적은 글이 바로 「향약의 조목을 정한 후에[書鄕約後]」이다.

의성현은 옛적에 향약이 있었으나 중도에 폐하고 말았다. 그래서 풍속이 날로 야박해지니, 고을의 동지들과 함께 향약의 조목條目을 다시 손보려고 했지만 고금의 숭상한 바가 달라서 정중히 하려고 해도 할 수가 없었다. 그럼에도 회당은 향약을 다시 일으켜 시행할 뜻이 있었다. 때마침 1559년에 도산에 가서 퇴계가 손수 만든 향약의 조목을 보니, 근본이 되는 취지가 근엄하고 절도가 있어서 가르침을 기다리지 않아도 이미 그 속에 가르침이 있었다. 참으로 세상을 면려勉勵하는 약석지언藥石之言이었다. 남의 잘못을 지적하고 주의를 주어서 그것을 고치는 데에 도움이 되는 말이었던 것이다.

도산에서 돌아온 후로 회당은 더욱 간절히 퇴계의 향약을 흠모하게 되었다. 그래서 의흥 현감義興縣監 유희잠柳希潛과 규약을

의논하여 정하면서 여씨향약呂氏鄕約의 4조목(四條目: 덕업상권德業相勸, 과실상규過失相規, 예속상교禮俗相交, 환난상휼患難相恤)을 취하여 강령으로 삼고, 퇴계 선생이 정한 벌칙 사례를 첨부하였다고 한다. 벌칙은 3개의 등급이 있고, 각 등급은 하부조목이 있는데 총 30여 조로 된 것이었다.

여씨향약은 중국 북송北宋 말에 섬서성陝西省 남전현藍田縣 여씨문중呂氏門中의 도학道學으로 명성을 떨친 여대충呂大忠·대방大防·대균大鈞·대림大臨 네 형제가 문중과 향촌을 교화하고 선도하기 위해 주자학을 바탕으로 만든 자치적인 규약이었다. 그 네 조목은 바로 덕업상권德業相勸(주: 좋은 일을 서로 권장한다)·과실상규過失相規(주: 잘못을 서로 고쳐준다)·예속상교禮俗相交(주: 서로 사귐에 있어 예의를 지킨다)·환난상휼患難相恤(주: 환난을 당하면 서로 구제한다)이다.

퇴계의 「향립약조서문鄕立約條序文」에 따르면, 벌은 3개의 등급으로 각 등급마다 하부조목을 두어 모두 30여 조에 달한다. 극벌極罰, 중벌中罰, 하벌下罰로 나누었고 각 벌마다 상·중·하가 있으니, 그것들을 인용한다.

극벌

부모에게 불순한 자: 불효한 죄는 나라에서 정한 형벌이 있으므로 우선 그 다음 죄만 들었다.

형제가 서로 싸우는 자: 형이 잘못하고 아우가 옳으면 균등하게 벌하고, 형이 옳고 아우가 잘못하였으면 아우만 벌하며, 잘못과 옳음이 서로 비슷하면 형은 가볍고 아우는 중하게 처벌한다.

집안의 법도를 어지럽히는 자: 남편과 아내 간에 치고 싸우는 일, 정처正妻를 쫓아내는 일, 아내가 사납게 거역한 경우는 죄를 감등한다. 남녀 분별이 없는 일, 적첩嫡妾을 뒤바꾼 일, 첩으로 처를 삼은 일, 서자孽子로 적자適子를 삼은 일, 적자가 서얼을 사랑하지 않는 일, 서얼이 도리어 적자를 능멸하는 일

일이 관부官府에 간섭되고 향풍鄕風에 관계되는 자

망령되이 위세를 부려 관을 흔들며 자기 마음대로 행하는 자

향장鄕長을 능멸하거나 욕하는 자

수절하는 과부를 유인하거나 더럽히는 자

중벌

친척과 화목하지 않는 자

본처를 박대하는 자: 처에게 죄가 있는 경우는 등급을 감한다.

이웃과 화합하지 않는 자

동무들과 서로 치고 싸우는 자

염치를 돌보지 않고 사풍士風을 허물고 더럽히는 자

강함을 믿고 약한 이를 능멸하고 침탈하여 다투는 자

무뢰배와 당을 만들어 횡포한 일을 많이 행하는 자

공사公私의 모임에서 관청의 정사를 시비하는 자

말을 만들고 거짓으로 사람을 죄에 빠뜨리게 하는 자

환란을 보고 힘이 미치는 데도 가만히 보기만 하고 구하지 않

는 자

관가의 임명을 받고 공무를 빙자하여 폐해를 만드는 자

혼인과 상제喪祭에 아무 이유 없이 시기를 넘기는 자

집강執綱(주: 좌수座首)을 업신여기며 유향소의 명령을 따르지

않는 자

유향소의 의논에 복종하지 않고 도리어 원망을 품는 자

집강이 사사로이 향안鄕案에 들인 자

구관舊官을 전송하는 데 연고 없이 참석하지 않는 자

하벌

공적인 모임에 늦게 도착하는 자

자리를 문란케 하고 예의를 잃은 자

좌중에서 떠들썩하게 다투는 자

자리를 비워 놓고 물러가 편리한 대로 하는 자

연고 없이 먼저 나가는 자

마침내 의성의 향약을 완성하고는 회당이 고을사람들에게

"이 규약은 엉성한 듯해도 사실은 치밀하여 우리가 지켜야 할 지극한 도리가 들어 있소이다. 우리와 계契를 같이하는 모든 사람들이 신명神明처럼 받들고 철석鐵石같이 믿어서 영구히 행하기를 변치 않는다면, 풍속이 순박하고 아름다워져 저 삼대三代(주: 중국의 이상적인 정치가 행해진 시기)의 교화가 절로 이루어질 것이고 또한 죄줄 일이 없어질 것이외다. 각기 힘쓰십시다."라고 말하였다. 이때의 느낌을 회당은 「향약을 정하며 느낌이 있어 짓다修定鄕約有感而作」로 나타내었다.

> 남전여씨藍田呂氏가 남긴 향약 천 년을 비추니
> 후학들이 아직도 여씨의 어짊을 흠모하네.
> 그것을 안 후세의 양자운을 지금 다행히 만났나니
> 경박한 풍속을 우리에게 만회케 해주네.
> 藍田遺約映千春　末學猶欽呂氏仁
> 後世子雲今幸見　挽回薄俗惠吾人

그리하여 매년 봄과 가을에 함께 계契를 같이한 사람들과 착한 일을 권장하고 악한 일을 징계하는 것을 향약의 의전儀典대로 실행하였으니, 소주韶州(주: 의성의 옛 명칭)의 풍속이 낙동강 좌편 지역에서 칭송된 것은 실로 이 한때의 앞장서서 이끈 공로에 힘입은 것이라 하겠다.

이제 문향으로서의 의성을 일군 회당의 발자취를 어떻게 계승해야 할 것인지, 그 손자 신적도申適道가 쓴 「업유재 회원에게 보내는 글[與業儒齋會中]」을 통해 살펴보자.

아, 우리 할아버지께서는 순흥順興에 계셨던 신재愼齋 주세붕周世鵬 선생을 찾아뵈셨습니다. 주 선생은 백운서원白雲書院과 업유재業儒齋를 창건하시고 어진 이를 높이고 선비를 기르는 곳으로 삼으셔서, 사문斯文을 처음으로 일으켰고 후학들에게 은혜를 끼쳐주셨습니다. 그래서 원근을 막론하고 유생들은 옷깃을 여미며 흠모하지 않은 이가 없었습니다. 우리 할아버지께서는 백운동에서 돌아오신 뒤, 우리 고을에 선비들이 학문을 닦고 귀의할 만한 곳이 없음을 개탄하셨습니다. 그리고는 마침내 온 고을의 동지들과 함께 먼저 장천서원長川書院을 세우고 이어서 업유재를 지으셨습니다. 그 규모와 절도는 하나같이 주 선생이 게시한 대로 따랐는데, 그 게시揭示는 주희朱熹 선생이 백록동白鹿洞에 남기신 규례規例를 모방한 것이었습니다. 그 이후로 문소聞韶(주: 의성의 옛 명칭) 지역에 집집마다 글 읽는 소리가 있고 선비들은 예법을 지킬 줄 알게 되어 추로鄒魯(주: 공자와 맹자의 고향으로 예절을 알고 학문이 왕성한 곳을 일컬음)에 부끄럽지 않다는 칭송을 들었으니, 실로 백세토록 폐하기가 어려운 아름다운 모범이었습니다.

근래에 전란을 겪은 뒤라서 운영 경비가 바닥났을 뿐만 아니라 강규講規(주: 선비들이 모여서 공부하는 규정)도 해이해졌습니다. 우리 고향의 후생들은 이전 시기의 돌아가신 고을어른들께서 후예들을 위해 세운 은택을 제대로 아는 자가 거의 드물 것입니다. 이것이 어찌 오늘날 우리들의 책임이 아니겠습니까? 나 적도는 세상을 등진 지 오래였으니, 마땅히 입을 다물고 절대로 분수 밖의 일에 대해 간섭하지 않아야 합니다만, 어리석은 충심이 너무나 간곡하여 후생들을 장려하고 인도할 방법에 대해 스스로 그만두지 못한 까닭에 겨우 정신을 붙잡고서 군자들이 모두 모인 좌석을 우러러 더럽히고 있습니다. 사람을 보고 말을 버리지 않는다 하였으니 다시 강규를 손질하기 바랍니다. 먼저 상읍례相揖禮(주: 유생들이 서로 마주보며 읍하고 예를 올림)를 행하고 다음으로 성리서性理書를 강하여 지난날 업유재를 창설했던 본심을 저버리지만 않는다면 다행이고 다행이겠습니다.

곧 선비들이 학문을 닦고 귀의할 곳을 마련해주었으니, 후생들로 하여금 글 읽고 예법을 지킬 줄 알도록 장려하고 인도하여 추로의 고장이 되게 해야 함을 역설하고 있다.

안동대학교 한문학과 이종호 교수는 회당 신원록의 삶에 대해 다음과 같이 평하고 있다. "신원록은 주세붕·이황·조식 등

당대 석학들의 문하에 두루 유학하여 학문의 대방편大方便을 들었으며, 조목·박승임·황준량·김팔원·정탁 등과 도의지교를 맺어 영남학맥의 통서統緖를 두터이 이었다. 또한 신원록은 윤상倫常을 돈독히 하고 학교를 일으키는 데 뜻을 두어 향약을 제정하고 서원을 창설하는 등 의성지방의 유교문화를 진흥하는 데 중요한 역할을 담당하였다. 무엇보다도 신원록은 의성의 '효자'로서 널리 알려져 있거니와 유교의 근본인 효사상을 생활 속에서 실천한 인물로 오래도록 기억되고 있다." 이를 간단히 요약하자면, 회당은 모든 행실의 근원인 효를 행하고 마땅히 지켜야 할 도리를 다하는 가운데 문향으로서 의성의 중흥을 일군 삶을 살았다고 할 수 있을 것이다.

2. 대를 이은 후손들

회당의 후손도를 보면, 회당은 2명의 아들, 8명의 손자, 25명의 증손자, 43명의 고손자를 두었다. 그 이하의 자손은 무수히 많다.

첫째 아들 흥계興溪 신심申伈(1547~1615)은 사맹司猛을 지낸 아산장씨牙山蔣氏 장륜蔣崙의 딸과 결혼하여 5남 1녀를 두었으니, 신상도申尙道(1570~1625), 흥양이씨興陽李氏 이정남李挺南에게 시집간 딸, 신영도申泳道(1580~1646), 신지도申志道(1582~1642), 신민도申敏道(1584~1661), 신사도申師道(1586~1646)이다. 둘째 아들 성은城隱 신흘申仡(1550~1614)은 전력부위展力副尉를 지낸 순천박씨順天朴氏 박윤朴倫의 딸과 결혼하여 3남 3녀를 두었으니, 선산김씨善山金氏 김유

회당의 후손도(출처: 아주신씨 회당공파세보)

엽金有曄에게 시집간 딸, 신적도申適道(1574~1663), 신달도申達道
(1576~1631), 풍천임씨豐川任氏 임내중任乃重에게 시집간 딸, 박종경
朴宗敬에게 시집간 딸, 신열도申悅道(1589~1659)이다. 이들 손자 8명
은 돌림자가 '도道'라서 흔히 회당가의 '팔도八道'라 칭해지는
데, 이들은 회당파 내에서 지파支派의 파조派祖가 되었다. 곧 홍계
집안에서는 판관파判官派, 별담파鱉潭派, 삼백당파三栢堂派, 계현파
溪峴派, 화곡파華谷派, 성은 집안에서는 호계파虎溪派, 만오파晚悟派,
난재파懶齋派가 그것이다.

　이제 회당의 발자취가 그의 아들과 손자들에게 어떤 영향을
끼쳤고 어떻게 계승되고 있는지 살피기로 한다. 그런데 회당의

장남 홍계와 그 아들들은 모두 문집이 없어 사실事實이나 묘갈문墓碣文 등을 참고할 수밖에 없다. 이것조차도 없는 자손이 있기도 하다. 따라서 홍계 집안의 후손들이 실천했던 덕행의 참모습을 알 수가 없으니 참으로 안타까울 따름이다.

1) 홍계 신심과 그 아들들

회당의 장남 홍계興溪 신심申伈(1547~1615)에 대해서 조카 신달도가 1628년에 쓴 묘지墓誌가 있다. 이에 따르면, 홍계는 의성현 남쪽 원홍리元興里에서 태어났다. 자는 희지喜之, 호는 홍계興溪이다. 일찍이 가정교훈을 받아서 효우가 지극하였는데, 1576년 아버지 회당의 상을 당해 슬퍼하여 몸이 쇠약하였고 장례 뒤에는 여묘살이 3년을 마쳤다. 1593년 어머니의 상을 당해서도 장례와 제사를 예절에 어김없이 준수하였다.

임진왜란이 일어났을 때는 동생 신흘과 함께 크게 분개하여 의병을 일으켜 나아가자, 주위 사람들이 강한 오랑캐를 경솔히 범하지 말고 우선 산골짜기에 피했다가 기회를 엿보아 공격하여도 늦지 않다고 하였다. 그러나 홍계는 웃으면서 '이미 한번 죽기로 정하였으니, 다시는 그런 말을 하지 말라'고 하였다 한다. 그리고 나서 영남 향병 대장 김해金垓, 류종개柳宗介, 정세아鄭世雅와 더불어 일직현一直縣에서 왜적을 토벌하기로 결의하였다. 홍

계는 좌우진左右陣으로 나누어 북으로 올라오는 왜적의 길을 차단하고 왜적이 감히 함부로 노략질하지 못하게 하니, 이웃고을까지도 모두 힘입었다. 이런 사실은 정봉鼎峰 신홍도申弘道의 일기, 이탁영李擢英의 『정만록征蠻錄』, 저자 미상의 『향병일기鄕兵日記』 등에 기록되어 있다. 당시 난리와 흉년으로 굶어죽는 사람이 많으니, 홍계는 비록 상중喪中에 있으면서도 재곡財穀으로 기민을 구휼하고 자신은 끼니를 잇지 못하여도 개의치 않았다고 한다. 어진 마음으로 사람을 사랑함이 이와 같았다. 1597년 추천으로 사헌부 감찰司憲府監察에 제수되었으나 사양하고 나아가지 아니하였다.

요컨대, 홍계는 아버지 회당처럼 효성이 지극하였고, 치욕의 국난을 당하자 왜적을 토벌하려는 의병활동을 하였던 인물이다.

가) 흥계의 장남 신상도申尙道

신상도(1570~1625)에 대해서 구현具玹이 1974년에 지은 묘갈명墓碣銘이 있다. 여기에는 이전의 묘갈이 있었지만 세월이 흘러 글자들을 알아볼 수가 없어서 새로 지었다는 내력이 소개되어 있다. 그 이전의 묘갈이 누구에 의해 지어졌는지 현재로서는 알 수 없다. 신상도는 아버지와 마찬가지로 원홍리에서 태어났다. 자는 언유彦由이다. 태어나면서 특이한 재질이 있어 재주가 남보다

뛰어났을 뿐만 아니라 부모에게 효도하고 형제간에 우애하는 것을 사람된 근본 도리로 삼아 어질고 너그러운 도량을 성취한데다 가학을 잘 이어받으니, 고을사람들이 칭송하였다고 한다. 1615년 아버지 흥계의 상을 당하여 날마다 성묘를 하는 효성을 보여주었다. 과거 공부를 하지 않고 성리서性理書를 읽는 데 조금도 게으르지 아니하고 성실하여 덕이 높고 명망이 컸다. 이로써 추천되어 군자감 판관軍資監判官에 제수되었다. 그로 말미암아 판관파判官派의 파조派祖가 되었다.

나) 흥계의 차남 신영도申泳道

신영도(1580~1646)에 대해서 『아주신씨 회당공파 세보』에 간략한 사실事實이 있을 뿐이다. 자는 여함汝涵이고, 호는 별담鱉潭이다. 어려서부터 부모에게 효도하고 형제간에 우애하는 도리를 이어받아서 시례詩禮의 글을 익혔다. 13세 때 임진왜란을 당하자 별곡鱉谷의 연못가로 피난하였는데, 그로 인하여 별담이라는 호號를 삼았다. 이로 말미암아 별담파鱉潭派의 파조가 되었다. 이때에 낌새를 보아 국운이 매우 어려우리라는 것을 알고는 마침내 과거공부를 폐하였다. 여헌旅軒 장현광張顯光이 1603년 의성현령으로 재임 시에 입문하여 여헌의 문인이 되었다. 1615년 아버지 흥계의 상을 당하여 장례와 제사를 예절에 어김없이 준수하였다

고 한다.

다) 흥계의 삼남 신지도申志道

신지도(1582~1642)에 대해서 4촌동생 신열도가 1658년에 지은 묘지墓誌와 이중철李中轍(1848~1934)이 1877년에 지은 묘갈명이 있는데, 신열도의 묘지는 『난재선생문집懶齋先生文集』 권7에 「종형 처사공묘지從兄處士公墓誌」로, 이중철의 묘갈명은 『효암집曉庵集』 권12에 「증통훈대부사복시정삼백당신공묘갈명(병서)贈通訓大夫司僕寺正三栢堂申公墓碣銘(幷序)」로 수록되어 있다. 자는 여원汝遠이고, 호는 삼백당三栢堂이다. 이에 따르면, 삼백당은 의성현 원홍동에서 태어났다. 타고난 자질이 총민하였고, 효성과 우애는 천부적이었다. 성품이 배우기를 좋아하여 여헌 장현광의 문하에 드나들었는데, 여러 벗들로부터 추중을 받았다. 1615년 아버지 흥계의 상을 당해서는 몹시 슬퍼하며 상제喪制를 극진히 다하였다. 홀어머니를 7년 동안 모심에 있어서는 웃는 얼굴로 효도를 다하는데 조금도 어긋남이 없었고 홀어머니가 돌아가시자 상례喪禮를 극진히 하여 부친상 때 비하여 유감이 없게 하였다. 종형 신달도의 장례를 치름에 있어서도 유감이 남지 않도록 정성을 다하였다. 부모님이 돌아가신 뒤에는 세상사에 뜻이 없어 과거공부를 폐하고 하천리下川里(주: 의성현 금성산 서쪽에 있는 지명)에 터를 잡아

공부방을 마련하여 삼백당이라 불렀다고 한다. 이로써 호를 삼 았으니, 삼백당파三栢堂派의 파조가 되었다. 고을사람들이 그의 고매한 행실을 알고서 고을수령에게 추천하고 다시 관찰사에게 알려져 예부禮部에도 이르렀지만 미관말직이라도 내려지지 않았 다고 한다. 그가 죽자, 4촌형 호계 신적도가 만시輓詩「만종제여 원輓從弟汝遠」을 지어 동생의 어진 모습을 볼 수 없게 된 것에 비 통함을 나타냈다.

효성과 우애는 가문의 명성을 이었고	孝友家聲繼
어질고 온화한 성품은 뭇사람이 추앙했네.	溫良衆所推
젊었을 적엔 붉은 봉황을 기약하고	早年期紫鳳
늙었을 때엔 누런 거북을 꿈꾸었네.	晚歲夢黃龜
운명이런가, 몸엔 그리도 병이 많았고	命矣身多病
안타까워라, 약으로 고치지를 못했네.	嗟哉藥未醫
백발의 늙은이가 오늘 애통해하는 것은	白頭今日痛
다시는 어진 모습을 볼 수가 없음이로다.	無復見仁資

라) 흥계의 사남 신민도申敏道

신민도(1584~1661)에 대해서는 그 어떠한 문적도 남아 있지 않다. 다만, 『아주신씨 회당공파 세보』에 자는 주일主一, 호는 계

현溪峴, 생몰연간, 묏자리 등이 기록되어 있을 뿐이다. 계현이라는 호로 말미암아 계현파溪峴派의 파조가 되었는데, 그 후손들이 그리 번창하지 않은 편이다.

마) 흥계의 오남 신사도申師道

신사도(1586~1646)에 대해서도 신영도처럼 『아주신씨 회당공파 세보』에 간략한 사실事實이 남아 있을 뿐이다. 자는 덕우德友, 호는 화곡華谷이다. 이 호로 말미암아 화곡파華谷派의 파조가 되었다. 은거하여 의를 행할 때 자신의 영리를 추구하지 않았고, 4촌 막내 동생 신열도와 더불어 경서經書와 역사를 강론하며 밤낮으로 게으르지 않았다고 한다. 자손들을 가르치고 훈계할 때에는 충성과 효도 그리고 청렴과 결백을 위주로 하였다. 동지들과 틈이 생기면 이따금 한가로이 완상玩賞도 하며 자연에서 도야하였으니, 세상 사람들의 추앙을 받았다.

2) 성은 신흘과 그 아들들

성은城隱 신흘申仡(1550~1614)에 대해서 둘째 아들 신달도가 1630년에 쓴 「유사遺事」, 이종4촌 동생 인재訒齋 최현崔晛(1563~1640)이 1630년에 지은 「묘지墓誌」, 막내아들 신열도가 1656

년에 지은 「묘표墓表」가 있다. 그리고 이만도李晩燾(1842~1910)가 1909년에 지은 「행장行狀」이 있고, 김도화金道和(1825~1932)가 1909년에 지은 「묘갈명墓碣銘」이 있다.

이것들에 따르면, 성은의 자는 구지懼之, 호는 성은城隱이다. 타고난 성품이 인자하고 후덕하며 효성스럽고 유순하였는지라, 어려서부터 자식 된 이의 직분을 받들어 익혀 어버이를 사랑하고 공경하는 도리를 능히 알았고 또 아우 된 이의 직분을 다해 형을 존중하였으며, 여력이 있으면 게으르지 않고 학문을 하는 데 힘써서 스스로 성취하였다.

1576년 부친 회당의 상을 당해 죽을 먹으며 짚자리에서 잠자고 예절을 지킴이 지나칠 정도로 고되게 했다. 또 여묘살이 3년을 마친 뒤에도 묘 아래에다 몇 칸의 집을 짓고서 '영모永慕'라 이름하고 종신토록 부친을 추모하는 곳으로 삼았다. 1592년 임진왜란이 일어나자 모친을 모시고 황학산黃鶴山으로 들어갔다. 황학산은 의성군 옥산면 전홍 2리에 있는 산이다. 비록 전쟁을 당해 몹시 소란한 중일지라도 모친의 몸을 편안하게 하고 또 뜻을 받들기 위한 방편이었는데, 극진히 모시지 않음이 없었다고 한다. 다음해인 1593년 봄에 모친이 병으로 자리에 눕자 밤낮으로 쾌유하기를 하늘에 기도하였지만, 끝내 모친상을 당했을 때 너무나 슬퍼한 나머지 몇 번이나 기절하였다. 장사를 지내고 제사를 받듦에 있어서 하나라도 상례喪禮에 어긋남이 없었으면서

도 탄식하였다. "못난 자식이 지난날 이해득실의 마당에서 노심초사한 것은 장차 부모님의 영화를 위한 것이었습니다. 지금 어버이 두 분은 이미 돌아가셨으니, 요행히 벼슬한다 한들 다시 누구를 위한 것이란 말입니까?" 이는 전쟁이 일어나서 모친을 제대로 봉양하지 못했는데 돌아가셨으니 벼슬한다 해도 공경과 정성을 다해 모셔야 할 부모 두 분이 계시지 않은 것에 대한 탄식이었던 것이다. 전쟁 중에 죽을 끓여 먹을 수가 없는데도 굶주린 친척이 있으면 반드시 구해주면서 "옛날 사마온공司馬溫公이 '세상 사람들이 고생하면서 돈을 모아 자손에게 물려준다' 하였는데, 자손이 반드시 다 지킨다고 볼 수가 없으니 천명天命을 알지 못한 것이라."라고 하고는 마침내 절구絶句 한 수를 지어 다음과 같이 읊었다.

하늘로부터 모두 운명을 타고났거늘
세상 사람들은 제 스스로를 알지 못하여라.
위험과 재앙이 될 일을 편안하고 이롭게 여기더니
애면글면 못하는 짓이 없도다.
군자는 타고난 운명을 알고
덕을 닦아서 순순히 받아들이네.
皇天皆賦命　　世人不自知
安危利其裁　　營營無不爲

君子知天命　　修身順愛之

　그리고 임진왜란 때 임금의 행차가 서쪽으로 피난을 갔다는 소식을 듣고서는 형 홍계興溪 신심申伈과 함께 비분강개하였다. 그리하여 의병을 일으켰는데 간혹 모집에 응하지 않는 자가 있으면 충의忠義로써 분기시키니 열흘 사이에 의병의 수가 수백 명에 이르렀다. 이에 홍계를 맹주盟主로 추대하고 편지로 김해金垓, 유종개柳宗介, 정세아鄭世雅 등에게 일직현一直縣의 정자에서 모이기로 결의하였다. 이때 성은은 연합전선을 펼치자고 서신을 띄웠는데, 조경남趙慶男이 편찬한 『난중잡록亂中雜錄』에 상의장尙義將(주: 상주尙州·의성義城 의병장)이라고만 된 문건의 주인공이 바로 성은이다. 그 일부를 보이면 다음과 같다.

　　그윽이 생각하건대, 적을 토벌하는 방법이 비록 한두 가지가
　　아니겠지만 오늘날의 형세를 헤아리니 가장 급하게 먼저 해야
　　할 일은 합세하여 힘껏 싸우는 것뿐이라는 데 불과하옵니다.
　　바야흐로 이제 관군과 의병이 곳곳에서 벌떼처럼 일어났지만
　　각기 맹주盟主가 있어서 개인적으로 깃발을 치켜세우니, 군령
　　이 통솔되지 아니하고 여럿의 마음이 일치되지 못하여 왼쪽을
　　치고자 하면 갑甲이 달려와 원조하기를 꺼려하고 오른쪽을 치
　　고자 하면 을乙이 관할 구역을 넘을 수 없다고 핑계합니다. 피

차간에 입술과 이처럼 떨어질 수 없는 밀접한 관계를 전혀 맺지 않고, 또 앞뒤의 군진軍陣간에도 손발이 머리와 눈을 보호하듯 서로 구원하지 않으며, 심지어 월越나라 사람이 진秦나라 사람의 살찌고 야윈 것에 아무런 관심이 없듯이 앉아서 구원하지 않는 자도 있습니다. 시일을 오래 끌면서 적의 세력을 키우기만 한 채 이 달도 싸우지 않고 다음 달도 싸우지 않아 우리의 세력이 점점 약해지니 마치 불에 기름이 타 없어지듯 합니다. 마침내 병화兵禍가 자꾸만 길어져서 모진 삭풍 눈보라가 들이치는데 임금의 수레가 궁성을 떠나 서쪽 변경에 피란을 가신 지도 오래니, 어찌 종묘사직의 깊은 수치가 아니오며 신하와 백성들의 처절한 슬픔이 아니겠사옵니까.

마침내 좌위左衛와 우위右衛로 나뉜 것을 합세하고 왜적을 토벌하려 의로운 북소리가 한 번 울리자, 사람들은 죽어야 할 곳을 알았고 나약한 자도 지혜를 분발하고 겁쟁이도 용맹을 뽐냈다. 비록 전투에 임해서 적을 베어 죽인 공은 없었을지라도 근방의 네댓 개 고을이 이에 힘입어 보전될 수 있었던 것이다.

부모의 상을 치룬 이후로 과거 공부를 폐하고 날마다 정자程子와 주자朱子의 저서를 취하여 마음을 가라앉혔고 연구하여 끝까지 다 궁구하였다. 이러한 취향은 왕왕 침식을 잊을 정도였고, 여헌旅軒 장현광張顯光(1554~1637)과 낙재樂齋 서사원徐思遠

(1550~1615) 등 제현諸賢과 도의로 사귀는 친구가 되어 가장 잘 어울렸는데, 매번 서로 만날 때면 경전의 요지를 강론하였다. 일찍이 여헌 장현광이 여헌설旅軒說을 지으니, 그것을 취하여 칭찬하고 벽에 걸어두었다고 한다.

1603년 조정의 명에 의해 최현崔晛 등 여러 사람들과 '난중사적亂中事蹟'을 찬진하여 편수청編修廳에 올렸다. 이 역사役事를 관할하던 오리梧里 이원익李元翼은 성은이 지은 것을 보고 "근거가 넓으면서 정밀하고, 글의 이치도 전아하며, 깊이 체득할 만한 기사로 갖추어졌으니, 진실로 옛날의 좋은 사관이라 이를 만하도다."라고 하면서 감탄했다고 한다.

1608년에는 고경리高敬履(1559~1609) 등이 선조宣祖를 호종하지 않았다는 이유로 곤경에 빠진 정철鄭澈과 성혼成渾을 변명하는 상소에서 이언적李彦迪을 제외하였다. 이에 경상좌도慶尙左道 유자儒者들의 영수로서 5촌조카 정봉鼎峯 신홍도申弘道와 함께 회재晦齋 이언적의 억울한 일을 변명하면서 고경리 등을 탄핵하는 상소를 올려 종신금고에 처해지도록 해 관로에 나오지 못하게 했다. 1611년에는 정인홍鄭仁弘이 정권을 장악하고 있었는데, 퇴계 이황이 일찍이 정인홍의 스승 남명 조식 및 대곡大谷 성운成運에 대해 그 병통을 지적하며 중도中道(주: 어느 쪽으로도 치우치지 않은 절대적 진실의 도리)로써 허여하지 않았더니, 문묘에 배향된 초기에 감히 거리낌 없이 이황을 무훼하고 핍박하는 정인홍의 말을 공이

듣고 분연히 '이것은 의리에 관계되는 것이라' 고 하였다. 그리하여 퇴계와 남명 두 선생이 서로 허여했던 뜻의 근원을 캐어서 정인홍 말의 옳고 그름을 가려 물리치려고 대궐에까지 가서 소疏를 올렸으니, 그 소의 대략은 이렇다.

이황이 '조식과 성운을 일러 상대에게 오만하고 세상을 경멸하며, 노장老莊을 숭상하고 중도中道를 요구하기가 어렵다' 고 말한 것은 출사出仕하지 않은 것을 지적하여서 말한 것이 아니라, 특별히 그들의 이와 같은 기상氣像을 논하고 편벽된 곳이 있음을 가석可惜하게 여긴 것이니, 그들을 인도하여 다 함께 대중지정大中至正한 곳으로 들어가고자 한 것임을 또한 글 밖에서 상상하고도 남음이 있사옵니다. 그런데도 지금 정인홍은 망령되게도 고상高尚한 것으로 중용이라 하고, 조식과 성운이 이황으로부터 무함을 받았다 하면서, 또 이황이 과거로 출신하여 서성대며 세상과 영합했다 하였사옵니다. …
이황은 타고난 자질이 순수하고 실천이 독실하였습니다. 논조를 세우며 책을 저술한 것이 실로 선성先聖의 유지遺旨를 밝히며 후학의 모범을 보이고 있었기 때문에, 참으로 일상생활 속에서 절대적으로 필요한 곡식이나 옷을 없앨 수 없는 것과 같사옵니다. 그런데도 정인홍은 손가락질하며 글 잘하는 선비 정도로 여기면서 인심人心을 함닉陷溺시키고 세도世道를 무너

뜨리는 근심거리만 있을 뿐이라고 말하니, 아! 이야말로 주자
朱子가 왕양명王陽明으로부터 무함을 받은 까닭이옵니다. 어
찌 오늘날 이러한 말이 다시 생길 줄 생각이나 했겠사옵니까.
게다가 조식이 일찍이 이황에게 보낸 서찰에 이르기를, '선생
은 몸소 상등上等의 경지에 도달하였다'고 하였고, 또 '평소
우러르기를 하늘에 있는 북두성처럼 하였다'고 하였으며, 또
'아름다운 문장이 있는 곳에서 가르침을 받을 길이 없다'고
하였사옵니다. 그의 경모景慕함이 지극한 것이옵니다. 조식의
말은 백세토록 전해져야 하거늘, 친히 가르침을 받은 정인홍
같은 자가 도리어 이론異論을 주장하니 이황을 알지 못하는 것
일 뿐만 아니라 그의 스승의 마음도 알지 못하는 것이옵니다.
아! 저 정인홍은 산림山林으로서 자기 명망을 키워오면서 자부
심이 너무 지나쳐 한 마디만 하면 천하 사람의 마음을 바꿀 수
있다고 생각하옵니다. 게다가 지금 성상께서 은총을 내리시
자, 그는 마음에 믿는 것이 있게 되어 붓을 놀려 사의를 표하면
서 성상의 보고 들으시는 것을 현혹하고 어지럽히고 있사옵니
다. 그로 인한 폐단은 장차 백성의 윤리가 민멸되고 천리天理
를 해치는 데 이를 것이옵니다. 그럼에도 전하께옵서는 곧바
로 옳고 그름을 가려서 물리치지 않으시고 도리어 후히 윤허
해 주셨사옵니다. 신들은 사설邪說이 횡행하는 화가 이에서 점
점 늘어날까 걱정이옵니다.

성은이 상소를 하니, 광해군이 지시를 내리며 온화한 말로 타일렀다고 한다. 이때는 흉악한 무리가 조정에 가득하여 사류士類를 재앙에 얽는 것이 일이었는데도 그 일로써 해가 가해지지는 않았다. 성은은 시대의 상황이 점점 어그러지는 것을 보고 늘 팔을 내젓고 길게 탄식하였다. 또 당시 태학의 사림들에게도 "우리야 퇴계 선생을 제대로 알지 못했사오나, 퇴계 선생의 도덕과 문장을 높이 신봉하고 크게 우러른 자로 남명 선생만한 이가 없거늘, 퇴계 선생을 비방하고 헐뜯는 말이 도리어 남명의 문하에서 나왔으니, 만일 남명으로 하여금 알게 할 수 있었을진댄 퇴계 선생을 비방하고 헐뜯은 말을 물리치려는 글이 우리의 무리에서 나오기를 기다리지 않아도 되었을 것입니다."라고 하였다. 당시 선비들의 공론이 시원하다고 여기지 않음이 없었다고 한다. 성은은 전쟁으로 말미암아 처음 불행을 겪고, 혼탁한 세상을 만나 자기의 포부를 펴지 못했지만, 두 번의 상소를 통해 이언적과 이황 같은 어진 이를 존경하고 보위하는 데 모든 정성을 쏟아서 도운 것이 당당한데다 함부로 범할 수 없는 준엄한 비판함이 있으니, 지금까지도 성은의 대절大節은 빛나고 빛난다 하겠다.

성은은 형님을 모시면서 사랑과 공경을 극진히 다하였고, 자기의 벗도 반드시 단정한 사람을 취하였지 경솔하게 아무나 사귀지 않고자 경계하였다. 향당鄕黨에 있을 때면 겸양과 공손으로 스스로를 다스렸고 남들과 다투지 않았다. 좋아하고 싫어함과 취

하고 버림에 있어서 의義로써 한결같이 결단하였는데, 도를 굽혀 구차스럽게 남의 비위를 맞추려 하지 않았다. 자식들을 가르칠 때는 반드시 의리에 입각하여 하고, 자식들로 하여금 선생이나 어른의 문하에서 유학하기를 바라는 마음뿐이었다. 일찍이 시詩를 지어서 그 뜻을 담아 다음과 같이 읊었다.

몸가짐은 얇은 얼음 밟듯 하고,　　　　　　　持身如履薄
마음가짐은 가득 찬 물건 받들듯 할지라.　　操心若奉盈
게으르지도 또 방탕하지도 마라,　　　　　　毋惰又毋荒
낳아준 부모를 욕되지 않게 하라.　　　　　　毋忝爾所生

　요컨대, 성은이 보여준 효성과 우애의 지극한 행실, 자애롭고 신실한 아름다운 덕은 위로 어진 어버이의 서업緖業을 잇고 아래로 자제들의 모범을 열었다고 하겠다. 성은이 죽은 뒤인 1629년에 이르러서 부모님께 효도하고 형님을 공경하며 나라에 충의한 것이 모두 알려져 통정대부通政大夫 승정원承政院 좌승지左承旨에 증직되었다.
　그의 일생을 더듬어 보면 임진왜란 때 의병장으로서 활동하였고, 그 참상을 직접 목도한 후 1603년 경상도의 참혹한 사적事蹟을 엄정한 시각으로 찬진해 실록청實錄廳에 올렸을 뿐만 아니라, 당시의 시사時事에 대해서 꼿꼿한 선비정신을 보여준 재야사

림이라 할 것이다. 김도화金道和가 지은 「묘갈명」에 그의 함축적인 삶이 잘 녹아 표현되어 있다.

> 효는 여묘 생활에서 보다 드러나고
> 의는 왜적 공격에서 보다 빛났어라.
> 항소로 바름을 부지하니 우리 도의 강직함이요,
> 난중에 근거를 찾아내니 좋은 사관의 모범이라.
>
> 孝著於盧墓之日　　義炳於敵愾之秋
> 抗疏扶正吾道之直也　擦亂據實良史之規也

성은은 세 아들과 세 딸을 두었는데, 세 아들 모두 진사시에 합격하였으니 자식 복이 대단하였다. 곧, 호계虎溪 신적도, 만오晚悟 신달도, 난재懶齋 신열도이다. 또한 부인과 동갑내기인데다, 1614년 4월 16일에 부인이 먼저 죽자 6월 27일에 뒤를 이어서 12월 28일에 합장되었으니, 살아서도 동실同室이요 죽어서도 동혈同穴인 셈이었다.

성은이 도를 보는 것이 밝고 절개를 세운 것이 탁월한 것은 가학의 전통을 이미 이어받은 것이 이와 같았기 때문일 터이리라. 퇴재退齋 신우申祐는 충효로, 6대조 신광부申光富는 강직한 대간大諫으로, 조부 신수申壽는 기개에다 대절大節로, 부친 회당 신원록은 학문으로 명성을 떨쳤다. 성은은 그 집안의 후손으로서

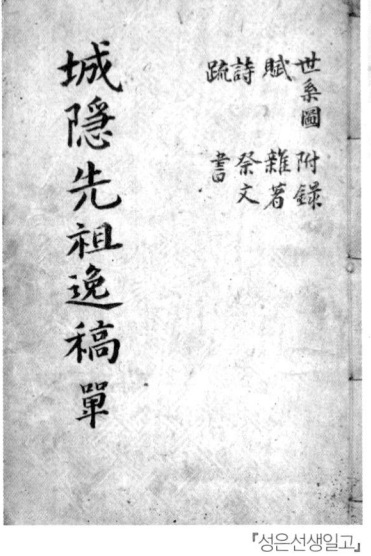

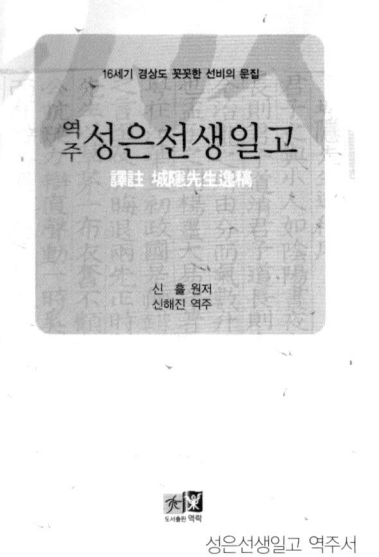

『성은선생일고』 　　　　　　　　성은선생일고 역주서

타고난 성품이 이미 뛰어난데다 실천함에 순수 독실하고 효성과
우애가 깊어 집안을 윤택하게 하였던 것이다.

　　이와 같은 삶의 족적을 남긴 성은 신흘의 문필이 아쉽게도
다 거두어지지 않아 문집명은 『성은선생일고城隱先生逸稿』이다.
일고逸稿는 세상에 알려지지 않았거나 흩어져 있던 글이라는 뜻
으로, 전란이나 기타 재화災禍로 인해 없어지고 남은 잔편殘編을
수집해 편찬할 때 붙이는 경우가 일반적이기 때문이다. 아쉬움
이야 있을망정 1909년 호계파 몽산夢山 신돈식申敦植(1848~1932)에
의해 간행된 2권1책 목판본이며, 2009년 호계파 신해진申海鎭에

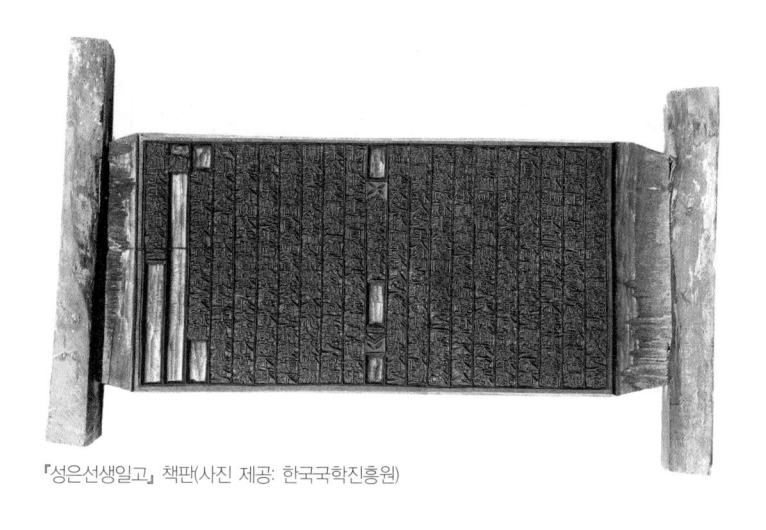

『성은선생일고』책판(사진 제공: 한국국학진흥원)

의해 번역되었다. 목판은 현재 안동의 한국국학진흥원에 수탁되어 있다.

　　신해진은 『성은선생일고』를 역주하면서 "꼿꼿하고 올곧은 양반선비의 삶과 정신을 목도했다."라며, 성은의 엄정함과 단호함은 심중한 무게를 지닌 것으로서 무언의 가르침을 들었다고 고백한 적이 있다. 이 고백은, 당시 방백이자 완평부원군完平府院君이었던 이원익에게 올렸던 성은의 편지를 보고난 뒤의 감회에서 이루어졌다. 다음의 글은 그 편지의 전문이다.

　　이번에 임진란 중 겪은 도내의 사적을 지어 올리라는 명을 삼가 받들고자 하건대, 이것은 실로 당시의 공론公論과 관계된

것이요, 후일 역사 기록의 근거가 되는 것이라, 비록 글 잘하는 사람에게 맡겼어도 감히 감당하지 못할 것이거늘 저같이 고루하여 견문이 좁은 자야 말할 필요가 있겠습니까? 요즈음 질병이 찾아들어 정신이 쇠하고, 대수롭지 않은 것을 보고 듣는 것조차도 제대로 할 수가 없사옵니다. 이 같은데 찬록撰錄하는 것을 어찌 쉽게 받아들여서 시행하겠다고 하겠습니까?

대개 눈과 귀로 직접 보고 들은 것을 근거하면 앞뒤 사이에 잘못되거나 빠지게 될 것이고, 다른 공적이든 사적이든 기록물을 의지하면 그것들 사이에 모순이 있을 것이오니, 서둘러서 책을 엮는 것은 옳지 않은 것으로 사뢰옵니다. 후세에 분명한 기록을 전하고자 하신다면, 당시 직무에 종사한 자들을 찾아서 널리 들어야 하고, 당시에 문서와 장부를 관장한 자들을 찾아서 관련 서류를 세밀히 보아야 할 것이되, 새로 들은 것이 있으면 곧바로 기록해야 하고, 새로 본 것이 있으면 반드시 베껴야 합니다. 다시 한 곳에 들어가서 거듭거듭 서로 비교하여 헤아려 살핀다면, 을乙이 간혹 옳고 갑甲이 되레 그르며, 저것이 바르고 이것이 의심스러울 수도 있으니, 의혹의 단서는 하나라도 취해서는 아니 되며 근거가 없는 것은 버려야 하옵니다.

그러므로 각 항목의 사건들은 반드시 공사公私의 기록이 모두 부합하고 전후가 한 곳에서 나온 듯 서로 합치된 연후에만 감히 그것을 취하여 분명한 기록으로 삼았습니다. 비록 잠시 부

합하고 잠시 같은 것이라 하더라도 하나같이 모두 수록하였는데, 이런 것들은 아주 작은 영예이지, 오래도록 기억하여 옳고 그름을 따져야 할 것들입니다. 책을 만들었다가 다시 뜯은 것이 두세 번에 이르렀을 때는 오히려 스스로 옳다 여기지 않고, 학식이 넓고 행실이 바른 사람에게서 질정을 받아 마침내 빠진 것을 보태고 채워서 책을 만들고는, 사람을 시켜 정서토록 하여 바치옵니다.

오호라! 1592년부터 1598년까지 7년간 겪었던 참상은 본도本道(주: 경상도)가 최고로 심하였으니, 귀가 놀라고 눈에 참혹한 것이 어찌 백 가지 천 가지뿐이었겠습니까? 오늘날 수집한 것이 있지 않다면 당시에 겪었던 수많은 사건들이 장차 민멸되어 전하지 않을 것인바, 한 달이 가깝도록 정력을 쏟아서 거칠게나마 한 권의 책을 만들었습니다. 간혹 성공하거나 실패한 사적 때문에 은미하게 평가하고, 간혹 책명策命에 따라 변화가 있더라도 사실 그대로 기록했으니, 권선징악에 관계된 것이면 비록 우리 고장의 미추美醜가 드러날지라도 반드시 기록했고, 사적이 잊기 어려운 것이면 다른 도道와 이해관계가 생길지라도 더러 붙였사옵니다. 사적을 아름답게 여겨 올린 경우는 좋아하여서 아첨한 것이 아니요, 사적이 말썽스러워 올리지 않은 경우는 곧다는 소리를 듣고자 곧음을 빙자한 것이 아니옵니다.

흩어져 있는 글들을 상고하고 똑같은 공론들을 참고하였지만, 뜻만 컸지 제대로 되지 않은 간단한 책자가 되었을 따름입니다. 허식으로 칭찬하는 부질없는 글들은 빼고, 얻은 것의 하나를 취하여 글을 다듬고 정리하였습니다. 의심스럽더라도 만일 오직 합하閤下께서 외람되이 채록한 것을 헤아려주신다면 매우 다행이겠습니다.

『역주 성은선생일고』, 2009, 88~89면

당시 이 편지를 받아본 이원익은, "근거가 넓으면서 정밀하고, 글의 이치도 전아하며, 깊이 체득할 만한 기사로 갖추어졌으니, 진실로 좋은 사관의 자질이로다."라고 하였다고 한다. 『역주 성은선생일고』을 간행하며, 신해진은 "병환 중이면서도 얼마나 사려 깊고 치밀하게 또한 객관적으로 일을 처리하였는지 알 수 있는 편지"라고 하면서 임진왜란 때의 경상도 사정을 알려주는 매우 중요한 문건일 것인데 인멸되어 그 실상을 알지 못하는 안타까움을 표한 적이 있다.

그 안타까움을 전해들은 아주신씨 신기효申基孝(1933년생)와 신후근申厚根(1938년생)이 간행되지 않은 가제본假製本을 찾아 보내왔다. 바로 『난적휘찬亂蹟彙撰』이었다. 2010년 신해진에 의해 번역되어 출간되었다.

이 미간행 가제본의 출현은 망외의 일이었다. 특히, 신후근

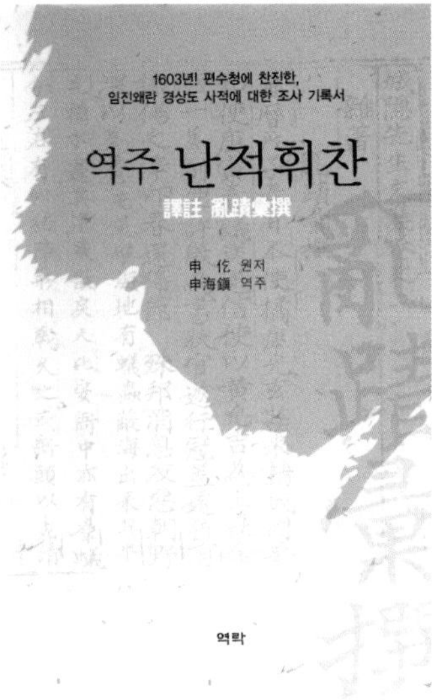
1603년! 편수청에 찬진한,
임진왜란 경상도 사적에 대한 조사 기록서
역주 난적휘찬
譯註 亂蹟彙撰
申 仡 원저
申海鎭 역주
역락

난적휘찬 역주서

은 몽산 신돈식의 내손來孫(주: 증손의 손자)이다. 몽산이 1909년 성은 문집을 간행할 때는 문필이 다 거두어지지 않아서 문집명을 '성은선생일고'라 했던 것으로 보인다. 그러다가 지금으로서는 도저히 알 수 없지만, 그 이후 어느 땐가 성은공의 문필을 거둘 수 있었던 것 같다. 가제본을 보면, 두 권으로 된 기존 문집의 권1은 그대로 두되 새로 거둔 4편의 글을 보충하고, 새로운 권차卷次인 권2와 권3을 만들어 『난적휘찬』을 배치하고, 기존의 권2를 권4로 옮기는 구상을 했던 것으로 짐작된다. 몽산이 성은문집을 새롭게 간행하려 했다고 보는 것은 영인 자료를 보면, '견원집見元

集(주: 원집에 보임.)'이라는 기록이 있고, 속집으로서의 권차를 설정하지 않고 곧장 권2로 했으며, 문집명을 '성은선생문집'이라 하고 있기 때문이다. 현 시점으로서는 이 정도의 짐작만 할 뿐, 간행하지 못한 그 적절한 이유는 알 수가 없다. 아무튼 몽산이 얼마나 선조先祖의 문필을 찾기 위해 부단히 애썼는지 알 수 있다.

『난적휘찬』은 전란을 겪은 지 5년이 지난 시점에서 당시의 기록물들을 참고하고 견문한 바를 보태어 찬진한 것이다. 임진왜란과 관련된 현전 기록물을 보면, 왜군의 포로로 있으면서 기록한 것을 제외하고는 대부분 관군이나 의병으로 참전하면서 겪은 것들임은 주지의 사실이다. 이를테면, 이순신李舜臣(1545~1598)의 『난중일기亂中日記』(1592.5.1~1598.1.4 기록), 이로李魯(1544~1598)의 『용사일기龍蛇日記』(1590~1593), 정탁鄭琢(1526~1605)의 『용사일기』(1592. 7. 17.~1593. 1. 12), 조경남趙慶南(1570~1641)의 『난중잡록亂中雜錄』(1582~1610), 류성룡柳成龍(1542~1607)의 『징비록懲毖錄』 등이다. 또 순수 피란기로서 도세순都世純(1574~1653)의 『용사난중일기龍蛇亂中日記』가 있기도 하다.

그런데 『난적휘찬』은 개인의 체험기가 아니기에 이것들과 다르다. 당시의 기록물들을 서로 견주고 견문한 바를 꽤 이른 시기에 기록한 역사적 사료라는 점에서 값진 것이라 하겠다. 따라서 성은의 역사적 사료에 대한 취택시각을 살필 수 있으리라 본다. 또한 무엇보다도 임진왜란 당시 경상도 사적을 엄밀히 살피

는 데 기여할 수 있을 것으로 생각된다.

가) 성은의 장남 신적도申適道

신적도(1574~1663)에 대해서 그의 셋째 아들 인재忍齋 신채申埰
(1610~1672)가 쓴 「유사遺事」가 있다. 신채는 진사시에 급제하였다.
그리고 홍만조洪萬朝(1645~1725)의 「묘표墓表」, 이중철李中轍
(1848~1934)의 「묘갈명墓碣銘」, 김도화金道和(1825~1912)의 「행장行狀」
등이 있다.

이것들에 따르면, 신적도의 자는 사립士立, 호는 호계虎溪이
다. 호계라는 호로 말미암아 호계파虎溪派의 파조가 되었다. 성품
이 순수하고 재주가 남달리 총명하여 어려서부터 이미 사물에 대
해 깨닫지 못하는 것이 없을 정도였다. 부모들이 웃어른들의 뜻
만 좇고 집이 가난해도 봉양하는 것만 일삼아서, 먹을거리와 땔
거리를 주야로 호계가 손수 마련해야 하는 데도 조금도 태만하지
않으며 전혀 수치스럽게 생각지 않았다고 한다. 효행과 학문으
로 뛰어난 조부 회당에게 통정대부通政大夫 호조참의戶曹參議가 증
직되자 시를 지어 추모한 데서, 그의 가풍에 대한 자부심의 일단
을 읽을 수 있다.

효의 근원은 깊은 도의 근원에서 나와,

내려진 임금 은혜 강과 바다같이 깊네.

공문孔門의 이름난 효는 증자와 민자건인데,

만일 그들과 함께 나셨더라도 효로 뛰어났으리.

孝源由出道源深　　有隕恩波河海深

聖門惟獨曾閔孝　　若使生幷特許深

　회당의 6촌형 정봉鼎峰 신홍도申弘道(1558~1612)는 여헌 장현광
과 낙재樂齋 서사원徐思遠에게 가르침을 받았는데, 호계가 자신에
게 와서 배우는데 게으름이 전혀 없으니, "우리 가문을 크게 빛
낼 사람이 반드시 이 동생이로다."라며 탄식한 바 있었다. 호계
는 임진왜란을 겪은 뒤 과거 보는 공부보다는 위기지학爲己之學에
뜻을 두어, 한강 정구의 문하에 출입하여 연원 있는 학문을 깨우
쳤고, 여헌 장현광의 삭강회朔講會에도 나아가 곧잘 문난질의問難
質疑를 하여 칭찬을 받았다. 1605년인 32세 때는 향시鄕試에 장원
으로 뽑히었는데, 서애西厓 류성룡柳成龍이 그의 시권試卷을 보고
"의리가 일상적인 틀에 매어 있지 않고 조목조목 트였으니, 세상
의 유자儒者들이 가히 미칠 수 없는 바이다."라고 하였으며, 우복
愚伏 정경세鄭經世도 "신적도는 견식이 단적端的하여 우리 고을의
본보기가 될 만하다."라고 했다. 이렇게 볼 때 호계는 조부 회당
과 6촌형 정봉으로부터 가학家學을 전수받고, 또 만오晚悟 신달
도·난재懶齋 신열도 두 아우와 함께 일찍이 한강 정구와 여헌 장

현광의 문하를 좇아 성리의 학문을 배운 것이 전부였던 것 같다. 그리하여 퇴계의 제자들인 한강과 여헌 두 선생으로부터 감화를 받은 호계는 퇴계의 출처관인 '난진이퇴難進易退(주: 벼슬길에 나아가는 것을 어렵게 여기고 물러남을 쉽게 여기다.)'의 영향을 받아 향촌교화와 학문수양에만 매진했던 것으로 보인다. 그리하여 사문斯文의 추앙이 중했고 기대가 컸다.

1627년 오랑캐라며 하찮게 여겼던 후금後金이 정묘호란을 일으키자, 호계는 인생의 일대 전환기를 맞는다. 정묘호란을 당한 인조仁祖가 국난극복에 혈성血誠을 다해주기 바라는 교서를 백성들에게 내렸는데, 이를 받아 읽은 그는 다음과 같이 의분을 토하였다.

강포한 오랑캐 세력을 잡더니 중화를 어지럽히고
지금처럼 조선까지 침범할 줄 어찌 생각했으랴.
참다운 임금의 빛나는 기강 여전히 그대로 있으니
하늘도 교만한 오랑캐를 물리칠 날 멀지 않으리라.
强虜秉勢亂中華　豈意如今左海加
眞主皇綱猶有在　天驕豕突不能遐

곧, 명나라를 공략했던 후금이 뜻하지 않게도 조선까지 침범하였으나 임금의 밝은 강기에 의해 또한 하늘의 뜻에 의해 격퇴

되리라며 충성스런 울분을 토해내고 있다. 당시 1627년 1월 19일 경상좌도慶尙左道 호소사號召使에 임명된 장현광의 천거로 54세 때 의병장이 되자, 호계는 분연히 몸을 떨치고 일어났다. 강화도로 파천한 종묘사직의 위급함을 강개한 어조로 피력하면서 고을의 사우士友들에게 충의의 분발을 촉구하였으니, 「고을의 선비들에게 알리는 글[通諭-鄕土友文]」에서 이러한 사정을 엿볼 수 있다.

오호라! 국가의 변란을 어찌 차마 말하랴. 왕궁王宮이 강화도로 옮겨가니, 종묘사직宗廟社稷이 고립무원孤立無援의 지경이라. 200년 예의의 나라가 하루아침에 오랑캐들에 의해 유린되었도다. 작금의 신하된 자로서 누구인들 한 번 죽기를 바라는 마음이 없을까만, 의분에 복받치는 뜻을 지닌 선비들과 의리 있는 독서한 사람들임에랴.

오호라! 이 못난 사람이 본디 형편없는 자질을 지녔지만, 나라가 태평할 때는 기왕에 잘못된 일을 바로잡아 구제하지 못했을 바엔, 지금이라도 나라의 어려움에 충성을 바치려 하오. 이 세상에 태어난 후손들로서 아주 굉장히 치욕스러움을 모르는 것이 아닐 것이오. 그러나 다만, 떳떳한 마음으로 임금에게 충성을 다하는 것은 하늘에서 타고나는 것이로다. 그렇지만 물고기냐 곰발바닥이냐 하면 곰발바닥을 선택하듯 삶과 죽음의 선택에서 의로운 죽음을 선택하리라는 맹자孟子의 가르침을

들었는지라, 일찌감치 신하가 임금을 위해 죽어서 충효를 다하는 것이 당연히 해야 할 일이라는 것을 알 것이오.

지금 임금님이 위험에 처하여 죽을지도 모를 지경이 저와 같으니, 신하된 자로서 마땅히 하여야 할 본분은 바로 몸을 떨치고 일어나 곧장 의병활동에 뛰어드는 것에 달렸는지라, 진실로 조심스러워하고 움츠리며 물러나 있을 처지가 아닌 것이오. 이렇게 눈물을 뿌리며 의병장으로서 우리 고을 선비들에게 알리노니, 나와 뜻을 같이하는 사람들은 각각 스스로 분발하고 힘써서 기어이 실효實效를 거둘 수만 있다면 퍽 다행이겠노라.

또한 의소義所에 의병들을 불러 모으는 글에서도 충신지사忠臣志士로서의 기백을 떨쳐 구국의 선봉이 되자고 독려하였으니, 바로 「의소가 불러 타이르는 글義所召諭文」에 이러한 면모가 나타나 있다.

삼가 성상의 전교를 보건대 말씀하시는 뜻이 간절하고 측은하니, 이때야말로 바로 충성스런 신하와 의로운 선비가 눈물을 뿌리며 장도에 오를 때이라. 오호라! 나랏일이 어렵고 위태한데다 힘든 지경인지라, 임금께서 백성들에게 널리 알리는 말씀이 여러 차례 내려졌는데도, 신하된 자로서 구차히 머뭇거

리며 관망하고자 한다면, 이는 임금이 없는 것이라. 임금을 뒤로한 죄로서 죽임을 어찌 면할 수 있으랴. 장차 기일에 맞춰 군사를 정돈하여 임금의 급박한 처지를 구하러 달려가야 하느니, 각기 사나운 기세와 씩씩한 담력으로 오랑캐의 노린내가 우리 강역疆域을 더럽히지 않도록 해야 할 것이라. 위반한 자는 군율軍律에 의거하여 처단하리로다.

우여곡절 끝에 의병군을 규합한 호계는 한밤중이지만 적진을 향해 출정하는 길에 올랐는데, 이때 그의 심정을 이렇게 나타내었다.

한밤중 박차고 일어나 칼날 같은 마음 품고,
의를 따라서 서행에 올라 한 번 죽음 각오하나,
나고 자란 이 나라의 은혜가 두터우니
이 몸이 어떻게 태평성대 위해 보답할꼬.
中宵蹶起劍心盟　仗義西行一死輕
生長靑邱恩渥裏　此身何以答昇平

위망에 처한 나라를 구하기 위해서라면 기꺼이 목숨을 바치겠다는 비장한 각오를 나타낸 것이다. 그러나 호계는 강화講和가 체결되는 바람에 자신의 우국충정을 펼칠 수 없었고, 이에 따라

결연한 뜻도 꺾지 않을 수 없었다. 이에 그는 화의론자和議論者를 공격하고 화의의 부당성을 피력하는 충정의 소疏를 올렸으니, 바로 「화의 파하기를 청하는 상소請罷和議疏」이다.

요즈음 일종의 망령된 의론이 조정에서 나왔는데, 소위 나라를 위해 강화한다는 말입니다. 먼저 그 뜻은 평소에 매우 신임받던 이들의 입에서 나온 것인데, 임금의 덕을 그릇되게 하여 허둥거리게 해놓고도 그들 스스로는 당연한 것으로 여기고, 후세의 기롱과 냉소를 불러놓고도 부끄러워할 줄 모르옵니다. 오호라! 이러한데도 나라를 보존하려 든다면 조종의 신령께서 어찌 마음이 편안하다고 하겠으며, 또 이러한데도 백성들을 보전하려 든다면 신하들의 마음인들 어찌 즐겁다고 하겠나이까? 오호라! 이런 일을 차마 할 수 있다면, 무슨 일을 차마 할 수 없겠나이까?

신臣이 가만히 생각하건대 오늘날의 화의는 도리어 후일 화란禍亂의 근본이 될 것이옵니다. 저 견양犬羊과 같은 오랑캐들의 무례한 버릇과 탐학하기가 그지없는 성질이 이랬다저랬다 일정하지 않아 잔인함이 더욱 심할 것이니, 이처럼 화의를 한 것이 과연 종묘사직을 위하여 온당한 처사를 행한 것이라 하겠으며, 또 나라를 위하여 태평성대를 연 것이라 하겠나이까? 신臣 같이 어리석은 사람은 평소 좋은 방책을 내는 데 게을렀고

단지 옛 사람의 가르침만을 따랐으니, 스스로를 돌아보건대 성상聖上의 뜻을 감동시켜 세상의 도의를 만회하기에는 부족 하나이다. 그러나 백대 먼 훗날에 『춘추』가 다시 지어져야 한 다면, 신臣은 필삭筆削을 어떻게 하는 것이 마땅한지 알지 못 하겠사옵니다. 대명大明 중화中華의 천자를 존숭해야 할 것이 오니, 바라옵건대 조속히 화친하자는 의론을 파하고 대의大義 를 펴야 할 것이옵니다.

호계는 강화講和야말로 역대 열성조列聖祖와 후손들에게 수 모의 역사, 치욕의 역사일 뿐이니, 춘추대의에 부합하는 떳떳한 역사를 만들어야 함을 주장하였다. 이 소疏를 본 인조仁祖가 매우 훌륭히 여겨 호계에게 상운도 찰방祥雲都察訪을 제수했다. 얼마나 선정을 잘 베풀었는지, 호계가 떠난 후에 거사비去思碑가 세워지 기도 했다. 1632년 59세 때에는 재신宰臣들의 천거로 제릉 참봉齊 陵參奉, 건원릉 참봉健元陵參奉에 제수되었으나 한 차례 숙배肅拜를 하고 곧 사퇴하였다.

한편, 1636년 청淸나라가 병자호란을 다시 일으키자, 호계는 의성 유생儒生들의 추대로 63세의 고령에도 불구하고 의병장이 되어 그 취지를 알렸다. 「고을의 높고 낮은 벼슬아치들에게 알리 는 글[諭一鄕大小人員文]」을 살펴보자.

오호라! 예로부터 글을 읽어 의리를 배운 선비들은 스스로 임금과 부모가 일체인 줄로 알았으니, 충과 효는 둘로 나뉜 것이 아니라 원래 하나의 이치였다. 집에서 효를 다하는 사람은 반드시 임금에게 충을 다하니, 나라가 변을 당할 때마다 임금을 우러러 모시기에 마치 부모가 물불 속에 있는 듯이 허둥지둥 서두른다. 전쟁터로 달려가서 살기를 꾀할 겨를도 없는 듯이 자신의 몸을 던져 나라를 위해 죽는 사람들이 또한 있었다.

오호라! 지금의 국가 변란은 옛적에도 드문 바이나, 변방의 성들이 함락되고 임금이 궁성을 떠나게 되심은 신도 인간도 공분共憤하거늘, 어찌 감히 조趙나라의 한단邯鄲이 진秦에 의해 조만간 망하리라 했던 것처럼 조금이라도 기다리랴. 그리고 월越나라 사람들이 진秦나라 사람의 살찌고 야윈 것에 대해 전혀 개의치 않았듯이 무관심하랴. 이것이 못난 내가 제군들에게 알려 깨우치고자 하는 까닭이라. 충성스러움이 이미 지극하거늘, 하물며 정묘년에 저 오랑캐들이 틈을 엿본 지도 얼마 오래지 아니하여 또다시 위난을 만나서 우리 신하들이 아직도 격한 충분忠憤이 남아 있음에랴. 오호라! 우리 영남嶺南은 본래 선비가 많은 고장이라 일컬어지는데다 예의와 풍속이 서로 전하고 충효와 문견聞見에 익숙하니, 이처럼 어렵고 위태한 때에 자식 된 사람은 효를 위하여 죽을 수 있고 신하 된 사람은 충성하여 죽을 수 있음을 알아야 한다.

간절히 바라건대, 제군들은 각자 피를 뿌리는 투지를 떨쳐서 풍전등화風前燈火와 같은 위급한 상황을 함께 구함이 어떠한 가. 바야흐로 오랑캐의 끔찍한 재난이 하늘까지 넘실거려 나 라의 운명이 달걀을 포개놓은 듯 절박한 위기에 놓여 있거늘, 널리 알리는 글[諭文]이 지나는 곳에서 만약 옷소매를 떨치며 분연히 일어나지 아니한다면 제군들이 평소에 배운 의리란 정 녕 어디에 있다고 하겠는가. 오호라! 오랑캐를 소탕하기 위해 서는 모름지기 충성을 다하는 데에 두어야 하나니, 사람의 마 음이 하늘을 감동시킨 바가 있으면 뜻이 통할 것인지라, 이 오 랑캐를 섬멸하기 이전에는 결단코 죽음을 맹세코 용감히 달려 가되 충을 제대로 갖추어 오랑캐를 쳐야 한다. 이러한 뜻을 일 일이 알리노니 착실히 거행해야 한다.

또한 호계는 의병장으로서 고을 사람들이 마음을 합쳐서 죽 음도 불사하여 구국의 대열에 앞장서자며 적개심을 고취시켰으 니, 「도 일원에 널리 알리는 글[通諭道內文]」에 잘 나타나 있다.

의병장이 여러 고을의 노인네들, 벼슬이 없는 선비들, 백성들 에게 널리 알리노라.
오호라! 10년 전 정묘년에 틈을 엿보았던 오랑캐들이 지금 멧 돼지 같은 기세로 쳐들어와 용만龍灣과 안시安市의 높은 성벽

이 무너졌고, 부윤府尹이 변경을 순찰하는데 많은 열사烈士들이 전사하였다. 변방의 모든 고을들은 이미 멀리 바라보고 놀라서 싸우지도 않고 달아나는 형국인지라, 우리 조선의 서부 지방은 바야흐로 오랑캐들이 득실거리며 날뛰는 소굴이 되었으니, 늙은이나 어린아이가 무슨 죄가 있어서 흉적의 칼날에 피를 뿌린단 말인가. 자녀들이 포로가 되어 모두 음산陰山으로 끌려가고, 오랑캐의 기세가 날로 대단하여 민심은 날로 요동치니, 왕실을 옮기어 나라의 보존을 도모코자 한 것은 진실로 부득이하게 조정의 당면 문제를 해결하려는 데서 나온 것이라. …

오호라! 우리 동방은 비록 작고 좁으나, 의관衣冠이며 문물文物이 너무도 성하고 예악禮樂이며 교화敎化도 너무나 훌륭하여 천하에 소중화小中華라 일컬은 지가 지금까지 천오백 년이라. 어찌 거칠고 사나운 도적놈들에 의해 한 번 짓밟힌 바가 되었다고 해서, 이내 비린내나는 털북숭이의 오랑캐 땅이 될 수 있으랴. 운수에 관계된 일은 아무리 애를 써도 벗어날 수 없다 하나, 하늘은 따르는 자를 도와주리니 억울함이 반드시 풀릴 것이리라. 더구나 영남嶺南이 학식과 능력을 갖춘 선비의 보고寶庫이자 나라의 근간임에랴. 열성조列聖朝가 배양하고 선현先賢이 교훈하여 집집마다 절의의 기풍이 있고 가정마다 충효를 전하는 풍속이 있는지라, 의병의 명성이 이미 임진왜란 때 현

저했거늘 충성스런 울분을 어찌 지금에 토하지 않으랴. 조정이 우리 경상도에 기대하는 것도 적지 않도다.

오호라! 나 적도適道는 본디 궁벽한 시골에 묻혀 살다보니 태평성대엔 쓸데없는 사람이었다 해도, 임금을 바르게 하고 시국을 바로잡아 화란禍亂에서 위태롭고 망할 뻔한 종묘사직을 구하지 않았을 뿐만 아니라 또한 붓을 던져버리고 전쟁터에 나가 적개심을 불태우지도 않았으니, 여러 선비들에게 죄를 지은 것이 참으로 많도다. 나 스스로가 사람들의 결기를 북돋우면서 으뜸으로 의병을 일으키는 데 부족하다는 것을 알지만, 위급하고 어려운 때에 의병장이란 중책을 부여받았으니, 도리상 사양하지 않겠다. 피눈물을 머금고 맹서하건대 밤이고 낮이고 애를 쓸 테지만, 있는 힘을 다했는데도 끝내 패배할까봐 정녕 두렵도다. 그러나 믿는 바는 똑같이 하늘에서 부여받은 충의를 내가 먼저 드러내면, 여러분들도 배운 바를 깨치는 것이 바로 이런 때에 있을 것이라는 점이다.

오호라! 여러분들이 평일에 성현의 글을 읽었으니 배운 바가 무엇이뇨? 나라의 운명이 매달린 깃발보다 더 위태로운 때를 당했는데도, 의분에 복받쳐서 떨치고 일어나 자기 몸을 나라 위해 바쳐 죽으려 하지 않고, 단지 풀 속을 헤매면서 살기를 도모한다면, 여러분들이 평일에 글을 읽고 안 명분과 의리는 어디로 갔단 말인가. 가령 오랑캐의 기병이 쳐들어와서 팔도八道

가 짓밟혀 더럽혀진다면 여러분들의 몸과 집, 처자식들만 과
연 깨끗한 곳에서 보존할 수 있으랴. 의리가 이와 같고 이해관
계가 이와 같으면, 자기 몸을 나라 위해 바쳐 죽는 것이 속수무
책으로 참혹하게 죽는 것보다 낫지 않으랴. 의義란 힘으로 되
는 것이 아니고, 끝내 꼭 죽어야 하는 경우가 아님에랴. …
오호라! 나와 뜻을 같이하는 사람들은 모두 내가 정성껏 고한
말을 잘 듣되, 행재소行在所를 그리워하여 눈물을 뿌리며 죽기
를 각오하고 많은 사람들을 모아서 원수를 갚아야 할 것이라.
중히 여길 바는 의義일 뿐이니, 물고기냐 곰발바닥이냐 하면
곰발바닥을 선택하듯 마땅히 의로운 선택을 하여 오랑캐들의
간담을 서늘케 해야 하느니라. 할 말이야 아직도 다하지 못했
지만 뒤에 하기로 하니, 각각 마땅히 잘 살피도록 하라.

　　이리하여 호계는 의병군을 규합하였으니, 그 규모는 활을 쥔
사람이 150여 명, 포를 가진 사람이 230여 명, 또 진중陣中을 지휘
할 사람이 50여 명으로 편성되어 도합 400여 명이나 되었다. 의
병진義兵陣은 1636년 12월 26일에 출발하여 16일 만인 1637년 1
월 11일 한산漢山(주: 지금의 廣州)에 도착하여 체류하게 되었다. 이
때 임금이 파천한 지 한 달여에 혹한과 기아 속에 침구도 없이 지
낸다는 소식을 들은 호계는 자신의 참담한 심정을 드러낸다.

떨치고 일어난 몸, 몇 사람만이라도 함께	奮身願與二三子
궁성을 바라보며 힘차게 달려가기를 바라나,	瞻望王居勇赴之
소량의 쌀을 어찌 임금께 보낼 수 있는 것이며	些米何能需御供
외로운 군사론 궁성 돕기에 합당치 못하리라.	孤軍不合補京師
다만 나라 걱정 임금 사랑의 충정을 품으니	祇將憂愛彛衷秉
함께 나라의 위기를 구하려는 생각뿐인데,	欲效艱危共濟思
눈길에 살 에는 추위인들 내 어찌 꺼릴 것인가	踏雪衝寒吾豈憚
궁성에 다다를 날만 기다리며 나아가리로다.	指期趁到九重墀

호계는 간신히 1월 13일에야 남한산성에 입성한다. 바로 전날 조정에서는 최명길崔鳴吉, 홍서봉洪瑞鳳, 허한許僩, 윤휘尹暉 등으로 하여금 국서를 가지고 오랑캐 진영에 들어가게 하였고, 각도에서 올라온 군병과 의병들은 입성이 금지되고 있는 실정이었다. 호계는 당시 조선이 겪은 치욕을 씻기 위해 감연히 일어나 구국의 대열에 앞장섰으나, 이 역시 화친和親이 맺어지는 바람에 자신의 뜻을 또 한 번 이루지 못하게 된 것이다. 이때 호계의 막내 아우인 난재 신열도도 남한산성에서 인조를 호종扈從하며 척화斥和를 주장하였는데, 뒤에 전라도 능주목사綾州牧使를 지냈다. 이에 호계는 화친을 반대하는 극언의 상소를 또 한 번 올렸다. 또한 평소 알고 지내던 척화파 청음淸陰 김상헌金尙憲, 동계桐溪 정온鄭蘊, 용주龍洲 조경趙絅과 서로 마주 보고 화의의 부당성에 대해 통곡하

며 열변을 토하다가, 자신의 충정이 무너지는 심정을 읊었다.

화의를 배척함이 정녕 당당한 일이거늘
어찌 이와 같이 화의로 일을 그르친단 말인가.
진실로 오랑캐 겁주고 화란 제거하려 왔건만
괴로운 심정은 가의賈誼가 알아도 같을지라.

斥和認是堂堂事　胡爾講和相反之
寔出㤼夷抒禍耳　倒懸賈喩先符之

1637년 1월 30일, 끝내 우리 민족의 역사상 최대 치욕이라고
일컫는 인조仁祖의 삼전도三田渡 굴욕을 지켜보아야 했던 호계는
통곡하며 귀향했다. 귀향한 후, 그는 오랑캐를 처부수지 못하고
돌아온 것을 자책하며 은둔하기로 작정하였다. 마침내 학산鶴山
미곡薇谷 아래에 채미헌採薇軒을 짓고 산림처사山林處士로서 은둔
하며 여생을 보냈는데, 그때 비완悲惋의 뜻을 붙인 「채미헌기採薇
軒記」가 있다.

소주韶州의 동쪽에 정령鼎嶺이 있는데 이곳은 곧 청부산青鳧山
과 보현산普賢山의 여록餘麓이다. 꾸불꾸불 북쪽으로 흐르다
중간쯤에서 나뉘어져 두 갈래가 되었다. 한 갈래는 서쪽으로
흐르다 북쪽으로 뻗어 수봉산睡鳳山이 되었고, 다른 한 갈래는

북쪽으로 쭉 뻗어 험한데 황학산黃鶴山이 되었다. 물은 정령에서 흘러내려 시내[溪]를 이루는데, 어떤 물줄기는 북쪽에서 서쪽으로 굽어 흐르고, 어떤 물줄기는 서쪽에서 동쪽으로 굽어 흐르기도 한다. 왕왕 물굽이를 이루다가 북쪽 100리쯤에서 영호暎湖와 합류한다. 위로는 미곡과 정령이 10리쯤 떨어져 있고 아래로는 학산鶴山과 수리數里쯤 떨어져 있다. 맑은 냇물에는 백석白石이 깔린지라 진세塵世와 멀리 떨어진 진은자眞隱者의 처소로써 이리저리 노닐 만한 곳이다. 지난날 임진왜란 때 돌아가신 아버님과 백부님이 의려義旅를 일으켜 전란에 나갔을 때 19살 나이로 식구들을 데리고 미곡薇谷 하성동下城洞에 들어간 적이 있었다. 그리하여 이곳 산천의 평탄하고 험한 곳이며 토속의 풍검豊儉함도 잘 알고 있었다. 당시에 이곳에다 몇 서까래를 얽어 집을 지으려 하였으나 이루지는 못하였다.

이후 정묘년에 오랑캐가 국경을 침범하였을 때, 종묘사직이 몽진蒙塵하고 임금의 수레가 파천播遷함에, 내 의義로써 산곡에 도피하여 숨어 있을 수는 없었다. 의병을 모을 것을 계획한 후, 서쪽 길을 출정하려 할 즈음에, 여헌旅軒·우복愚伏 두 어른의 재촉하는 바를 받았으므로 더욱 물러나 웅크리고 있을 수는 없었다. 마침내 뭇사람 앞에 맹서를 하고 영령嶺을 넘었지만, 그러나 조정에서는 이미 화의和議를 맺고 말았으므로 비록 구구한 충분忠憤일지언정 이를 펼 수가 없었다. 곧장 단기單騎

로 궐하闕下에 나아가 존주양이尊周攘夷의 의義를 부르짖고 곧 통곡하며 남쪽으로 귀향하여 하늘의 뜻이 돌아올 날을 기다렸다. 10년 후, 병자년에 또 다시 오랑캐가 국경을 침범하였다. 내 이전의 분통함을 거듭 씻고자 가장 먼저 의병을 일으킨 후 말을 달려 광릉廣陵으로 향하였다. 조정에서는 군사 진격을 가벼이 하지 말라는 유시諭示가 자주 내려졌으나 군사들은 이미 쌍령雙嶺에서 무너진 형편이었다. 마침내 단신單身으로 남한산성에 나아가 강화講和의 그릇됨을 소疏로써 아뢰었다. 그러나 성城에 머무른 지 한 달 만에 갓과 옷이 거꾸로 되고 천지가 닫히는 꼴을 보게 된 것이다.

가만히 생각건대, 내 전후前後로 난亂에 나아갔으되 도리어 의성義城을 실속 없이 떠벌리도록 한 것이 부끄러울 뿐이었다. 낙중洛中의 제현들과 이별하고 눈물을 뿌리며 남하를 하였다. 이후 은둔할 곳을 두루 찾은바 정말 미곡薇谷만한 곳은 없었다. 그리하여 이곳에 띠집 몇 간을 얽어 여생을 마칠 생각을 하였던 것이다. 지명地名과 연유하여 집을 편액하기를 '채미採薇'라 하고 마침내 벽에다 몇 마디를 써 본 것이다.

이 채미헌은 1934년 호계파 신계환申啓煥(1871~1944)에 의해 단구서원의 동편으로 옮겨졌다. 그 유적비명遺蹟碑銘이 있는데, 이는 문학박사 진성이씨眞城李氏 연민淵民 이가원李家源 연세대 교

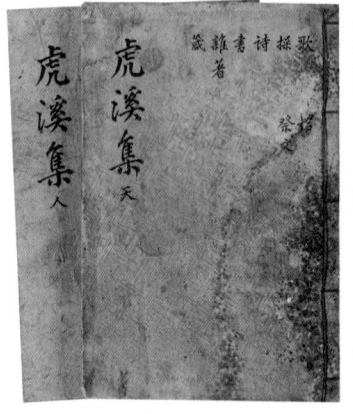
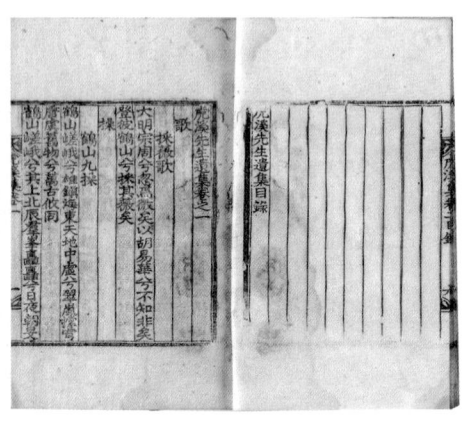

『호계집』(사진 제공: 한국국학진흥원)

수에 의해 1980년에 지어졌다. 그 원문과 번역문은 『역주 호계선
생유집』(역락, 2011)의 612면에서 615면에 걸쳐 실려 있다.

　이러한 삶의 족적을 남긴 호계에 대해 당시 사람들은 '의성
산림義城山林에 대명일월大明日月이라' 하였고, 「행장」을 쓴 김도
화金道和는 "충의의 절節과 적개의 용勇은 갑자기 얻어진 것이 아
니요, 평소의 학문 가운데서 나온 것이 아님이 없을 것인 즉, 이
것은 정말 회당 가학家學의 떳떳한 덕과 한강寒岡·여헌旅軒의 가
르침의 바른 것에서 나왔음이 분명하다."라고 하였다. 호계는 성
리학적 화이론華夷論의 입장을 지녔던지라, 오랑캐로 여겼던 후
금과 청에 대한 강렬한 적개심의 발로로 의전義戰을 치르는 의병

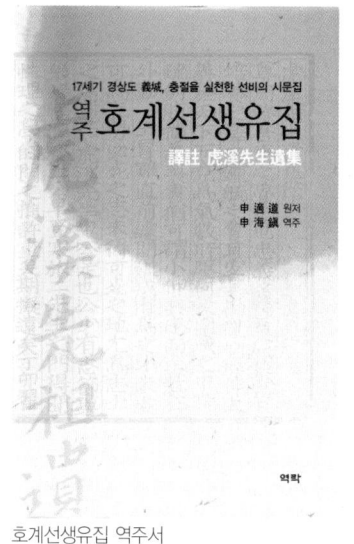

호계선생유집 역주서

장으로서 활동했고, 또한 끝내 은거隱居라는 방식으로 청에 대한 저항의지를 나타내며 90세의 생을 마친 인물이다. 1867년에 이르러서야 호계의 도학道學과 충절忠節을 기려서 이조참의吏曹參議가 추증되었다.

　　호계 신적도의 문필이 거두어져 간행된 것이 바로 『호계선생유집虎溪先生遺集』이다. 서발序跋 등의 자료에 따르면 호계의 셋째 아들 신채申埰가 유집遺集 7책을 편집하여 후일에 간행하려고 종가宗家에 보관하였는데, 1874년에 화재가 일어나 모두 불타버렸다고 한다. 이에 후손 신상하申相夏(1839~1906)와 신돈식申敦植(1848~1932) 등이 신적도의 유문遺文을 널리 수집하여 문집을 편집

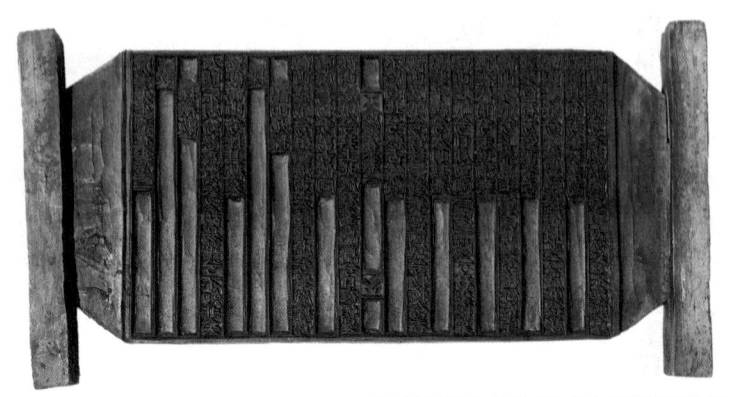

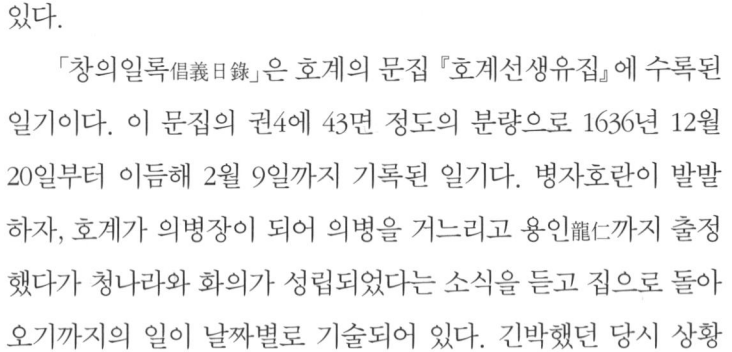

『호계선생유집』 책판(사진 제공: 한국국학진흥원)

하는 한편, 행장·묘도문墓道文·서발序跋 등을 받아 6권 3책의
목판본으로 1919년에 간행하였으며, 2011년 호계파 신해진에 의
해 번역되었다. 목판은 현재 안동의 한국국학진흥원에 수탁되어
있다.

　「창의일록倡義日錄」은 호계의 문집『호계선생유집』에 수록된
일기이다. 이 문집의 권4에 43면 정도의 분량으로 1636년 12월
20일부터 이듬해 2월 9일까지 기록된 일기다. 병자호란이 발발
하자, 호계가 의병장이 되어 의병을 거느리고 용인龍仁까지 출정
했다가 청나라와 화의가 성립되었다는 소식을 듣고 집으로 돌아
오기까지의 일이 날짜별로 기술되어 있다. 긴박했던 당시 상황

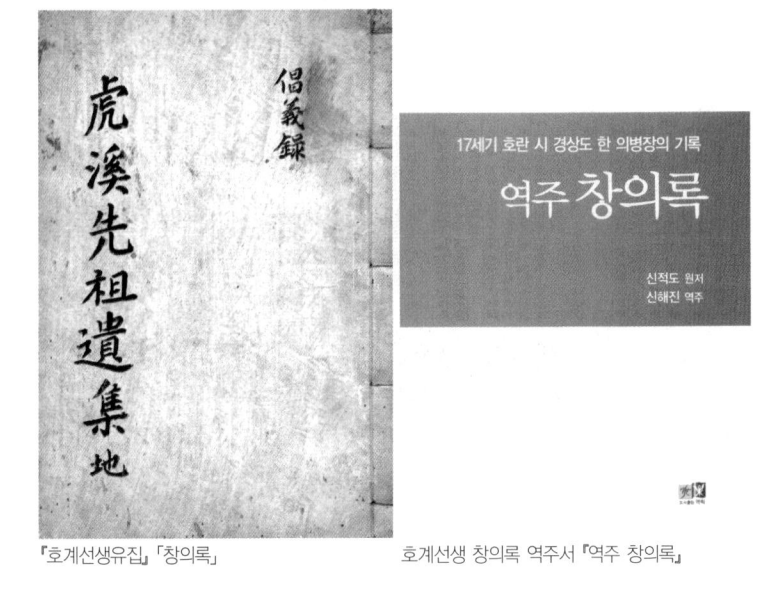

『호계선생유집』「창의록」   호계선생 창의록 역주서 『역주 창의록』

을 기술하였는데, 특히 병자호란이 발발하고 자신이 의병장으로 추대되어 의병을 이끌고 출정하는 일, 각 고을의 의병들이 속속 출정하는 일, 의병들이 추위와 굶주림에 고생하는 일, 관군과 의병들이 청나라에 패배한 사실, 포로가 된 조선인의 참혹한 실상, 남한산성의 참혹한 실상, 청나라와 화친하는 일로 국론이 분열되는 상황, 화의가 성립되는 과정 등을 상세하게 기술하였다. 당시의 전쟁 상황과 화의의 과정을 상세하게 기록한 것으로 병자호란 및 의병활동을 연구하는 데 좋은 자료가 될 것으로 생각된다. 이 일기도 2009년에 호계파 신해진에 의해 번역되고 출간되었다.

나) 성은의 차남 신달도申達道

신달도(1576~1631)에 대해서 동생 신열도가 1653년에 지은 「행장行狀」과 1656년에 지은 「묘지墓誌」와 「연보年譜」가 있다. 그리고 갈암葛庵 이현일李玄逸(1627~1704)이 지은 「묘갈명墓碣銘」이 있다.

이것들에 따르면, 신달도의 자는 형보亨甫, 호는 만오晩悟이다. 만오라는 호로 말미암아 만오파晩悟派의 파조가 되었다. 어려서 6촌형 정봉 신홍도에게 학문을 배웠는데 재주가 남달리 총명하여 7~8세 때 벌써 『효경孝經』과 사서四書를 통독하였으며, 1591년 16세 때는 할아버지가 세운 장천서원에서 독서하였는데 가르침을 기다리지 않고 날마다 구하였다고 한다. 임진왜란 중에 보통사람들은 전쟁과 굶주림에 시달려 생명만 구제하려 들 뿐 글읽을 생각은 꿈에도 하지 못했는데, 만오는 비록 가족들을 봉양하기 위해 행상을 하면서도 항상 책을 놓지 않고 잠시도 쉬지 않아 경전經傳과 자사子史로부터 정자程子와 주자朱子의 모든 서적을 널리 터득하였다. 1596년 21세 때 월천 조목과 서애 류성룡을 두루 찾아뵙고 도산심학陶山心學의 비결을 들었으며, 부친의 권유로 여헌 장현광의 문하에 가서 사칠리기四七理氣의 분합설分合說 등을 강론하고 질정하였다. 1603년 장현광이 의성현령으로 부임했을 때, 향교에서 수업을 받기도 하였다. 1605년 향시에 합격하고 1610년 35세 때 생원시에 합격했으나, 정계가 혼란하여 관직에

나가는 것을 단념하였다. 1623년 5월 48세 때 명나라 희종熹宗의 등극을 기념하는 유생정시儒生庭試에 장원급제하고서야 성균관 전적成均館典籍에 제수되었다가 겨울에 성환도 찰방聖歡道察訪에 임명되었다.

당시 임진왜란이 일어난 데다 흉년이 들어서 굶주려 죽는 사람이 많았다. 부친을 모시고 황학산黃鶴山에 피신한 만오는 겨우 17세였지만 몸소 쌀을 100리 밖에서 지고 와 어버이를 받들 뿐만 아니라 온 집안 식구들을 구제하였다. 정유재란 때 영남지방이 크게 요란하여 전 가족이 피란하는데 아홉 살 된 동생 신열도가 다리가 약해 능히 따르지 못하자 밤낮으로 등에 업고 험한 길을 걸으면서 혹시라도 흩어질까 염려하였다고 한다. 1614년 39세 때 4월에 모친상, 6월에 부친상을 거듭 당해 크게 슬퍼하여 거의 죽게 되었으나 상喪을 치르는 절도는 조금도 어긋남이 없이 모두 예절에 따랐다. 1621년 46세 때 형 호계 신적도가 빙계서원 원장으로 있었는데, 인목대비 폐위에 동참했던 감사 정조鄭造가 서명하고 간 뒤에 방명록에서 그 이름을 삭제한 일이 있었다. 정조가 대노하여 호계를 붙잡아서 옥에 가두고 장차 치국하려 하자, 만오가 분주히 가서 울며 자신이 대신하기를 청하는 말이 너무나 간곡하고 애절하니, 정조도 감동하여 해치지 못하였다고 한다. 1627년 52세 때는 선조先祖 퇴재退齋 신우申祐의 「유사遺事」를 저술하였고, 53세 때는 우복愚伏 정경세鄭經世에게 퇴재의 묘갈문을

청하였다. 이뿐만 아니라 서연書筵에 입시入侍하고 회맹연會盟宴에 참여하여 영사원종훈寧社原從勳 1등에 책정되어 그 은혜로 부친을 승정원 좌승지 겸 경연참찬관에 추증하고, 모친을 숙부인에 증직하였다. 또한 백부 홍계 신심의 묘지를 지었다. 이렇게 볼 때 그의 효성과 우애가 남달랐음을 여실히 볼 수 있다.

1623년 10월 대신들의 추천으로 성환도 찰방에 제수되어 나아갔는데, 많은 폐단으로 황폐된 지 오래였다. 부정을 바로잡고 악폐를 제거하여 부세賦稅를 간결하게 하였으며, 어진 이를 등용하고 무능한 이를 내치며 사람과 가축을 모두 성대하게 하였다. 1624년 겨울에는 전주 판관全州判官에 제수되었는데, 전주는 몹시 커서 다스리기가 어려운 곳이었으나, 만오는 공정하게 다스렸고 청렴하였다. 그래서 용서하고 법으로 다스리지 않아도 아전들이 복종하고, 노하지 않아도 백성들이 서로 경계하여 경내가 안온하였다. 이에 만오는 "나라를 다스리는 데는 가히 하루라도 교화가 없으면 아니 되거늘, 지금 수령들은 교화정치를 못하니 어찌 백성들의 풍속이 날로 무너지고 선비들의 기풍이 날로 쇠퇴해지는 것이 괴이하겠는가."라고 탄식하였다. 그리고는 남전여씨藍田呂氏의 향약과 주자朱子의 백록동규白鹿洞規를 참작하여 고을사람들을 타이르고 훈계하며 차례로 거행하였다. 매월 초하루면 명륜당에 나아가서 제생諸生들과 함께 『소학』과 『가례家禮』를 강론하며 실행한 지 반 년 만에 아름다운 풍속이 거의 돌아왔다고 한다.

또한 그는 1627년 3월에 가도椵島의 변무사辨誣使로 다녀와서 장계를 올렸다.

신이 가차도加次島(주: 평안북도 철산 앞바다에 있는 섬)에 당도해 보니 섬 안의 사람들이 굶주려 죽게 되었는데, 배를 타고 육지로 나오기를 애걸하는 자들이 얼마인지 모를 정도였습니다. 그러나 배가 많지 않아서 겨우 2백 명만을 배에 실었는데 미처 오르지 못한 자들은 해안에 둘러서서 큰소리로 통곡하며 모두가 "곡기穀氣를 끊은 지 여러 날이므로 당장 말라 죽게 되었다."라고 하였습니다. 그리고 청천강淸川江 이북에서 섬 안에 피란해 온 남녀가 수만 명쯤 되는데, 이미 농사지을 가망이 없고 구제할 방책도 없으니 백성을 옮기는 일을 잠시도 늦출 수 없습니다.

1628년 예조 정랑禮曹正郎에 제수되어 함경도 함흥에 있는 덕릉德陵과 안릉安陵의 봉심사奉審使로 가서 살폈는데, 돌아오는 길에 관서지방의 굶주린 백성들이 관북으로 들어오는 참상에 대해 상소를 올리면서 송태조宋太祖가 기민飢民을 구휼한 것에 대해 아뢰기도 한다.

속히 묘당廟堂에 명하여 각 고을의 창고에 있는 식량을 징발하

여도 부족하거든 비축된 군량미라도 거둬 우선 굶주린 백성을 구제해야 합니다. 혹자는 군량미는 뜻밖에 일어나는 큰 사건을 위하여 비축한 것이라 하여 불가하다고 합니다. 하지만 신은 홀로 그렇지 않다고 생각합니다. 국가에 믿는 바는 무슨 일이 있으면 백성이 모두 병정이 되고 일이 없으면 병정이 또한 백성인데, 어찌 가히 병정과 백성을 다르게 볼 것이며 장래에 군량이라고 하여 목전의 굶주린 급한 백성을 구제치 않겠습니까. 송나라 건륭乾隆 연간에 양사楊泗지방에 큰 흉년이 드니 심륜沈倫이 오나라와 월나라에 갔다가 돌아오는 길에 군량미 100여 만 섬을 대출하여 빈민을 구제하였습니다. 이에 송태조가 즉시 명하여 창고에 있는 곡식으로 갚아주었습니다. 이는 병정과 백성이 일체라는 의리를 깊이 알아차린 것인지라, 후세의 인주人主들이 마땅히 본받아야 합니다.

만오가 상소하기 이전에 다녀온 덕릉은 조선 태조 이성계의 고조부 목조穆祖의 능이고, 덕릉 경내에 있는 안릉은 고조모 효공왕후孝恭王后의 능으로 함경남도 함흥에 있다.

이렇듯, 만오는 외직外職에서 선정을 베풀었을 뿐만 아니라, 민정을 살피는 관리로 굶주린 백성들에 대해 관심을 갖고 군량미를 내어서라도 굶주린 백성을 구휼해야 한다고 주장했다. 여기서 그의 남다른 애민정신을 엿볼 수 있다.

1626년 11월 사간원 정언司諫院正言에 제수되자, 만오는 상소하여 당시의 폐단 10가지[陳時弊十條]를 논하였다. 곧, '어질고 착한 이를 등용하고, 수령을 잘 선택하며, 백성의 마음을 잘 추스르고, 풍속을 두텁게 하며, 언로言路를 열어놓고, 윗사람의 총명이 가려진 것을 터트리며, 옥사를 잘 다스리고, 쓸데없는 관직을 살피며, 공물과 납세를 균등히 하고, 군정을 정비하라' 는 조목이었다. 또한 상소 말미에 임금이 자신을 반성하여 근신하고 덕을 닦는 수성지도修省之道를 거듭 아뢰면서, "성찰을 아니 하면 다스리는 마음은 비록 절실하여도 바른 마음이 점점 해이하여 선악과 사정邪正을 거의 다 판단하지 못하고 시비와 득실을 분별하지 못한 채 그대로 구차하게 세월만 보내게 되어 조금도 효력이 없어서 위로 선왕의 뜻에 응하고 아래로 백성들의 바람을 위로하지 못할 것입니다."라고 직언을 서슴지 않았다. 이에 인조仁祖가 비답하기를, "열 가지 조목도 모두 지극한 의론이지만 수성지도야말로 더욱 절실하니, 내가 깊이 생각하여 처리하리라."라고 하였다고 한다.

　　1627년 1월 아민阿敏이 이끄는 3만의 후금군後金軍이 쳐들어와 의주를 함락시키자, 도성 안의 인심이 안정되지 못하고 흉흉하였다. 임금이 대책을 마련하려고 연 회의에서 한 재상宰相이 몽진할 것을 주장하자, 만오는 다음과 같이 결사 항전해야 한다고 아뢰었다.

대가大駕가 서울을 버리고 떠나면 백성들이 모두 흩어져 적을 공격할 도리가 없을 것이니, 급히 정예병을 선발하여 임진강 나루에 배치하고 임금이 친히 군사를 거느리고 파주에 주필駐蹕하면서 항쟁하여 적을 눌러 넘어뜨리는 기세를 보일 것이지, 어찌 먼저 기세가 꺾여 풀죽은 약함을 보여야 하겠습니까. 그렇게 하지 말아야 할 것입니다.

그러나 임금이 낯빛을 바꾸더니 얼마 뒤에 강화도로 몽진하자, 만오도 어가를 따라 호종하였다. 이때 오랑캐 사신 유해劉海가 평산平山에 도착하여 화친을 재촉하면서 명나라와 국교를 단절하라고 요구하자 조정에서 허락하려고 하니, 만오는 적극적으로 척화론斥和論을 주장했다.

군신의 대의는 천지의 경위經緯요 인간의 윤리인데, 하물며 우리나라와 명나라는 의리로는 군신이요 은혜로는 부자와 같으니 사생死生과 존망存亡을 달리할 수 없는 것이옵니다. 비록 궁하고 어려울 때라도 군신상하가 마땅히 몸을 돌보지 않고 분발하여 강나루를 굳세게 지켜서 오랑캐 사자使者를 물리쳐 끊고 굳게 죽음을 맹서하는 마음을 정하면, 저들이 비록 천하에 막강한 군사라 해도 어찌 능히 만 명에도 미치지 못한 군사로 익숙하지 않은 배를 타고 가볍게 우리 섬을 침범하겠습니

까. … 우리 전하의 용맹함과 밝은 지혜로서 어찌 득실의 기회를 밝게 살피지 않으시고 다만 흉측한 적군의 핍박과 요사스런 말에만 현혹되시니 싸우고 방어할 계책은 한 가지도 세우지 못하고, 날마다 모든 신하들이 저들의 노여움을 범할까 두려워하고 있습니다. 이와 같이 위약危弱하고서야 장차 임금이 어느 곳에 가고자 하시는지 알지 못하겠습니다.

이처럼 만오는 화친의 잘못됨을 힘써 간쟁하고, 원수를 갚고 부끄러움을 씻자고 하였다. 그래서 최명길崔鳴吉이 화친을 주장하여 나라를 망친 죄를 장계狀啓하였는데 윤황尹煌도 함께 적극적으로 동참했다. 만오는 후금군이 물러간 뒤에 급히 해결하여야 할 사안을 논하였으니, 바로 「구퇴후진소회소寇退後陣所懷疏」이다. 다음은 그 일부이다.

흉측한 오랑캐가 대국에 항거하여 요동 땅을 병탄한 기세로 방자하게 우리나라를 침범하였지만, 우리나라가 비록 위급하여 존망의 때에 미쳤다고 하나 서로 화친할 수 없는 것은 의리가 분명하고, 하물며 우리나라는 동방예의지국이니 군신상하가 진실로 능히 마음을 합하고 죽을힘을 써서 죽기로 맹세하면 비록 흉측한 오랑캐를 소탕하지 못할지언정 정예한 군사로 진지를 굳게 지키면 오랑캐를 방어할 수 있습니다. 그런데 이

런 계획은 세우지 않고 도리어 그들의 술책에 빠져 금품과 비단을 뇌물로 주고 왕제王弟를 볼모로 주어 가면서 손을 묶고 화친을 구걸하여 구차하게 우선 망하지 않음만 기도하였습니다. 옛적부터 화해하는 것은 모두 먼 앞일까지 내다보지 않은 일시적 계책이니, 연약하고 구차함이 오늘날보다 심한 때가 없습니다. … 신의 생각에는 적이 화친맹세를 폐하고 다시 침략할 것이 가까우면 수년數年이고 멀어도 불과 5년인데 혹은 금년 겨울일지 명년 봄일지도 모릅니다. 진실로 이때에 침식을 잊고 부지런히 힘써 자강自强하지 못하면 나라가 반드시 구허丘墟가 되고 백성이 어육魚肉에 이르고 신첩臣妾이 노예가 되어 땅이 꺼지고 하늘이 무너지는 참혹한 현상을 차마 말할 수 없게 될 터이니, 이를 생각하면 어찌 떨리고 한심하지 않겠습니까. 엎드려 원하옵건대, 전하는 화친을 파하고 신민臣民을 장려하여 성심으로 인도하고 기강을 확립하여 떨치고 일어나시어 내외신민內外臣民으로 하여금 오직 원수를 갚고 치욕을 씻으려는 주상의 마음을 확연히 알게 하면 그 누가 전하를 위해 죽을힘을 쓰지 않겠사옵니까.

이처럼 병력을 증강하고 군량을 비축하여 화를 사전에 방비하자는 내용을 아뢰면서 말미에 또한 "전하는 적군이 침범하였다고 경동하지 말고 적도가 물러갔다고 구차하게 편히 여기지 말

며, 나라가 적다고 스스로 위태한 생각을 갖지 말고 나라의 형세가 줄었다고 스스로 기운을 떨어뜨리지 말며, 옛적에 부흥한 군주들이 환란을 조처하는 데 어떻게 하였으며 스스로 수양하는 데 어떻게 하였는지 살피소서. 어떻게 하여 모든 계책이 모두 모였으며 어떻게 하여 모든 재사才士들이 모두 모였는지 연구하여 조용할 때에 깊이 생각하소서. 밤낮에도 꾀하는 바가 오직 수치를 씻으려는 계책이면, 내외신민들이 전하의 뜻을 받들어 충성된 마음으로 복수에 열중할 것이니 어찌 나라의 수치를 씻지 못하겠습니까."라고 하였다. 비록 만오가 아뢴 계책들이 채택되지 않았지만, 당시의 식자들은 그의 말이 옳다고 여기며 한탄하였다고 한다.

1627년 3월 당시 명나라 도독 모문룡毛文龍이 가도를 지키고 있었는데, 그가 조선이 후금을 끌어들여 가도를 급습하게 하였다는 등의 헛소문을 전파하여 사태를 망측하게 만들었다. 이에 조정에서 사신을 파견하여 해명하려고 할 때, 월사月沙 이정구李廷龜의 추천으로 만오가 가게 되었다. 만오는 모문룡에게 "오랑캐가 우리 국경을 침범하여도 장군은 조금도 움직이지 않았고, 또 적정賊情을 본국本國(주: 명나라)에 보고하지 않았을 뿐 아니라 또한 적의 흉계를 막아 조금도 우리나라의 다급함을 돕지 않았으니, 평일에 믿은 뜻이 과연 어디 있단 말이오? … 군신과 부자 사이는 아들이 애비에게 숨기지 못하듯이 신하도 임금을 속이지 못하는 법인데, 우리나라가 급박한 사정으로 부득이한 일을 하였지만 마

땅히 정성껏 사건 내용을 전달하여 성천자聖天子의 처분을 기다릴 따름이지 어찌 감히 일시적 이목을 회피하여 거짓을 꾸며 천지신명을 속이겠소."라고 하는 말이 매우 간곡하였다. 이에 모문룡이 크게 깨달아 의심이 풀렸다. 만오는 다시 모문룡에게 간절히 청하여 포로가 되어 섬에 있는 조선인 수백 명을 인솔하여 돌아왔다. 만오의 이와 같은 뛰어난 외교적 수완을 아름답게 여겨 인조仁祖는 그를 지평持平에 제수하여 불러 들였다.

이때 윤황尹煌과 조경趙絅 등 대간들이 인조반정의 유력한 공신인 우찬성右贊成 이귀李貴가 간관들을 헐뜯는 교만하고 횡포함을 논하다가 임금의 뜻을 거슬러 체포될 지경에 이르자, 만오는 그 부당함을 아뢰었으니 다음과 같다.

대관들은 항상 공의公議를 수집하여 임금의 귀와 눈 구실을 하는데, 공의가 있는바 대관들이 어찌 말하지 않겠습니까. 그런데 전하께서 이와 같이 꾸짖고 꺾어 물리치시니 신臣은 정직한 기세가 꺾이고 공의가 소멸하여 위망危亡의 화근이 불원간에 닥칠까 두려워합니다. 또한 묘당과 대각이 두 갈래로 갈려 말하면 반드시 모순이 되고 계획하면 반드시 어긋날 것입니다.

만오가 묘당과 대각이 두 갈래로 갈렸다고 한 말에 충격을 받아 좌상 신흠申欽과 우상 오윤겸吳允謙이 사퇴 상소를 올리자,

임금이 대노하여 만오의 직책을 파면하였다. 이에 대신大臣과 삼사三司들이 연장하여 차자箚子를 올리니, 파면하라는 어명이 거두어졌다. 이 일로 정직한 명성을 온 나라에 떨치게 되었으니, 세상에서는 대개 윤황, 조경, 그리고 신달도를 가리켜 3학사라 불렀다고 한다.

신달도는 1628년부터 세자시강원 문학 겸 춘추관 기주관, 시강원 필선, 사간원 헌납, 장령 등에 제수되었거나 역임했고 1631년 홍문관 수찬弘文館修撰이 되었으나 한양 아현阿峴의 거처에서 세상을 떠났으니, 향년 56세였다. 1646년 8월에 통정대부 승정원 도승지 지제교 겸 경연 춘추관 수찬관 예문관 직제학 상서원정이 추증되었다.

만오의 죽음을 목도한 형 호계 신적도는 하늘을 향해 울부짖는 비통함을 보이며 제문을 지었으니, 그 일부를 보인다.

슬프고 슬프도다! 나의 동생이 나를 버리고 먼저 떠나가니, 인정 많은 얼굴, 굳세고 점잖은 모습, 바르고 곧은 기상, 의기에 찬 말 등을 나는 다시금 들을 수도 볼 수도 없으리로다. 지난날 우리 형제가 하늘로부터 죄를 얻어 1614년에 어머니가 먼저 돌아가시고 아버지가 나중에 돌아가시어 거듭 상을 당하니, 계시지 않은 부모님 생각했던 마음을 어찌 이루다 말할 수 있으랴. 의지할 곳이 없게 된 여생은 형체가 하나이어서 그림자

도 하나이듯 외로웠는지라, 백발이 되도록 서로 의지하며 살기로 하였다.

그런데 우리 3형제는 어찌하여 뜻밖의 재앙이 거듭 닥쳐서 상사喪事가 꼬리에 꼬리를 문단 말인가. 계수季嫂(주: 신열도의 부인, 학봉 김성일의 손녀)의 상, 정 서방鄭書房(주: 둘째사위 鄭復亨)의 죽음, 누이(주: 任乃重에게 시집감)의 죽음 등 모두가 작년 한 해 동안에 있었는데, 금년에 들어서 또 군君의 상喪을 당하여 곡을 해야 하다니, 슬프도다. 나는 나이가 많은 것도 아닌데 1, 2년 사이에 아우, 누이, 계수, 사위가 세상을 떠나니, 이 세상에서 이것이 내가 가슴을 치며 길게 탄식하고 하늘을 향해 울부짖으며 통곡하는 까닭이로다.

오호라! 금년今年(1631) 음력 2월에 내가 영동嶺東(주: 상운도 찰방의 부임지)으로부터 돌아와 조상의 무덤을 찾아뵙고 나서, 형제들이 오랫동안 헤어졌다가 한 자리에 둘러앉았으니 그 즐거움이 어떠했으랴. 그렇지만 군君이 병들어 누웠는데 얼굴빛이 파리하고 몸이 몹시 야위어 전날과 달랐는지라, 베개를 나란히 베며 이불을 함께 덮고서 그간 막히고 쌓인 회포를 풀지 못했도다. 그렇더라도 타고난 체질이 강건하여 반드시 백 살은 살 줄 알고 애초엔 걱정도 하지 않았다. 아아, 끝내 이로써 그리도 갑작스레 불미스러운 일에 이른단 말인가. 임금으로부터 부르는 명이 있어 병을 무릅쓰고 조정에 나아가느라 치달리며

가는 길에서 병세가 점점 심해져 그런 것이었는가. 하늘이시여, 하늘이시여! 우리집에 무슨 재앙이 쌓여서 나의 어진 아우를 빼앗음이 그리도 빠른지 알 수가 없나이다.

오호라! 군君은 부모께 효도하고자 하는 정성, 임금께 충성하고자 하는 절개를 지녔어라. 먼저, 집에서 부모님의 뜻을 받들어 어김이 없었고 곁에서 어떤 일도 마다않아, 자식 된 직분으로 마땅히 할 일을 다하였다. 다음으로, 임금을 섬기는 데 있어서 제 몸을 돌보지 않고 부지런히 곧은 말과 바른 의론으로 지존至尊인 임금을 감격케 하고 간사한 무리들을 떨게 하여 이름이 조정에 드날렸을 뿐만 아니라 아울러 조상의 덕까지 드날렸도다. 이야말로 효의 지극함이요, 충의 훌륭함일러라. 아아, 내 동생의 강건, 내 동생의 충효가 어찌 그리 벼슬은 덕에 미치지 못하며, 나이는 80에도 이르지 못한단 말인가. 이른바 하늘이라는 것은 참으로 드러내 밝히기 어려운 것이요, 이치라는 것도 미루어 짐작할 수가 없는 것이로다.

이러한 삶의 족적을 남긴 만오 신달도의 시문이 거두어져 간행된 것이 바로 『만오선생문집晩悟先生文集』이다. 후손 신홍기申鴻基가 집안에서 소장하고 있던 초고草稿를 바탕으로 수집하고 편차하여 대정大正 16년 1927년에 경북慶北 의성군義城郡 소문면召文面 도경동道境洞에 있던 신석기申錫基의 숙사塾舍에서 활자로 5권

『만오선생문집』 목록

10책을 인행한 것이며, 1993년에 만오의 14세손 신대원申大源 (1955년생)이 주도하여 박제윤朴濟允에 의해 번역되었다. 다만, 이 번역서는 출판사가 아니라 인쇄소를 통해 간행되어 시중에 유통이 원활하지 않은 것 같다. 신대원에 의하면, 1922년 음력 12월 2일에 경북 군위군 고로면 가암동에 거주할 당시 화재로 인하여 전 가옥과 귀중한 고서적 500여 권 및 교지 등이 소실되었고, 나머지 남은 서적도 6·25 전란으로 인하여 분실되었으나, 다행히도 『만오문집』 원고 등이 분실되지 않아서 번역을 부탁하여 간행하였음을 밝히고 있다.

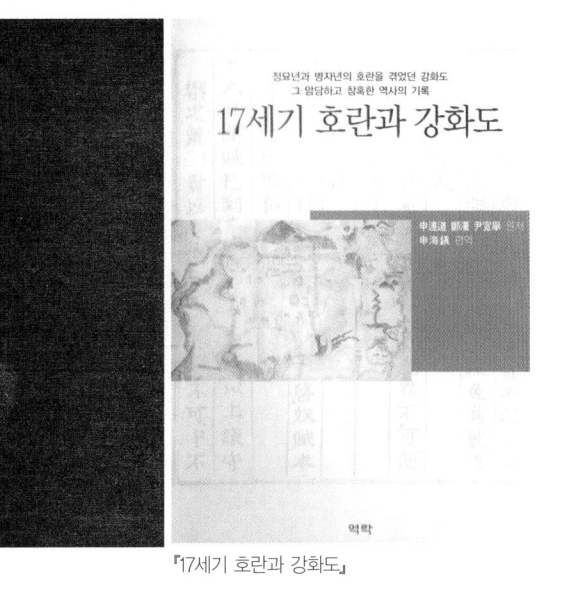

『만오선생문집』 번역서   『17세기 호란과 강화도』

　　「강도일록江都日錄」은 만오의 문집 『만오선생문집』 권7의 제
11엽부터 제32엽까지 모두 43면에 걸쳐 수록되어 있다. 정묘호
란 때 사간원 정언司諫院正言으로서 인조仁祖를 호종하며 당시 강
화도의 전반적 상황을 보고 들은 대로 기록한 일기이다. 이 일기
는 1627년 1월 17일에 평양감사 윤훤尹暄이 "노적奴賊이 13일에
의주를 침범하고 14일에 정주定州에 이르렀습니다."라고 보고서
를 올린 데서 시작한다. 그해 후금에게 패배를 거듭하던 중 화친
이 맺어지자, 전주로 피난 갔던 왕세자가 돌아오는 3월 23일에서
기록은 끝나고 있다. 그간에 진행된 전란의 상황, 급박한 상황에

따라 허둥대던 임금과 신하들의 언행이며 자신의 활동을 기록하면서 청나라 사신 유해劉海와 강화를 논의하는 이정구, 장유, 이경직 등의 활동모습 및 후금과 왕래한 문서, 여러 신하들이 올린 상소문 등도 상세히 기록되어 있는데, 당시 사람들이 반면교사나 타산지석을 삼지 못한 것이 무엇인지 살필 수 있는 역사적 자료이다. 이 일기도 2012년 호계파 신해진에 의해 상세히 주석되고 번역되었다. 바로 『17세기 호란과 강화도』의 11면에서 69면에 걸쳐 수록되어 있다.

다) 성은의 삼남 신열도申悅道

신열도(1589~1659)에 대해서 학사鶴沙 김응조金應祖(1587~1667)가 지은 「묘지墓誌」, 갈암葛庵 이현일李玄逸(1627~1704)이 1690년에 지은 「묘갈명墓碣銘」, 입재立齋 정종로鄭宗魯(1738~1816)가 지은 「행장行狀」 등이 있다. 김응조와 정종로의 글은 난재의 문집에 수록되어 있으며, 이현일의 글은 난재의 문집에 수록되어 있지 않으나 『갈암집葛庵集』 제24권에 「통훈대부 행 사헌부 장령 신공 묘갈명通訓大夫行司憲府掌令申公墓碣銘」으로 실려 있으며 또 『아주신씨 회당공파 세보』(1985)에도 187면에서 193면까지 실려 있다. 이현일은 그의 아버지 이시명李時明(1590~1674)이 신열도와 교유한 인연이 있고 그 자신도 뵌 적이 있었기 때문에 신열도의 묘갈명을

짓는다고 하였다. 이현일은 신열도의 넷째 아들 신전申㙉의 장남 신두석申斗錫(1642~1702)이 가장家狀을 가지고 와서 묘갈명을 부탁했다고 하고, 정종로도 신열도의 다섯째 아들 신행申垶의 장남 신휘석申徽錫의 고손자 신치교申致敎(1766~1822)가 가장을 가지고 와서 행장을 부탁했다고 하나, 그 가장이 현재 전해지지 않으니 안타깝다. 정종로는 바로 퇴재 신우의 묘표를 지은 우복 정경세의 후손이다.

이것들에 따르면, 신열도의 자는 진보晉甫, 호는 난재懶齋이다. 난재라는 호로 말미암아 난재파懶齋派의 파조가 되었다. 타고난 효성이 지극해서 부모의 앞에서는 언제나 즐거운 안색으로 부모의 마음을 기쁘게 하고, 병환에 계시면 음식이 적당한지 살피거나 의복 세탁하는 것을 모두 손수 하였다. 1614년 26세 때 4월에 모친상, 6월에 부친상을 거듭 당했는데, 상제喪制를 주문공가례朱文公家禮대로 어긋남이 없게 하였다. 두 형들과 함께 3년 동안 울면서 여묘를 살았다. 조상의 제사를 받드는 데에 성심을 다하고, 형과 누나를 섬기는 데는 부모처럼 하였다. 아주신씨 가풍을 그대로 이어받았다고 할 수 있을 것이다. 그런 가운데 난재는 7남 2녀를 두었지만 장남, 차남, 삼남이 먼저 죽는 참척을 겪었다.

난재는 천성이 순수하니, 생각에 막힘이나 인색함이 한 점도 없었고 털끝만큼의 거친 기상도 없었다. 어려서부터 단정한 데다 언행을 삼가고 조심하여 당시의 선현들로부터 기대하는 바가

컸으니, 인재訒齋 최현崔晛이 "그 재주가 작게 성취하는 데에만 그치지 않겠다."라며 칭찬하였다고 한다. 10여 세 때 경사經史와 백가서百家書를 읽는 등 학문에 힘썼으니, 통달하고 온화함은 태어날 때부터 남달리 타고난 자질이었다. 한강寒岡 정구鄭逑를 배알하고 우복愚伏 정경세鄭經世를 찾아 경의를 표하고 수암修巖 류진柳袗(1582~1635)과는 서로 도와서 덕을 닦았으니 사문의 도리를 다하였다. 특히 1603년 여헌 장현광이 의성현령으로 부임했을 때 그의 문하에 들어가 수학하여 위기지학爲己之學을 익혔다. 이뿐만 아니라 1634년 여헌의 명을 좇아 지금의 의성군인 문소현聞韶縣의 지지地誌를 편찬하기도 하였다. 난재는 입문의 예를 드린 1603년부터 스승이 세상을 떠난 1637년까지 스승의 언행 및 가르침을 받았던 내용 등이 있을 때마다 기록한 「배문록拜門錄」을 남겼다. 스승의 사후 1639년에는 장응일張應一, 조임도趙任道 등과 『여헌선생문집旅軒先生文集』을 편차編次하였다. 경학經學과 문장은 일가를 성취하였으니, 1606년 18세 때 진사가 되어 성균관에 유학을 하였고, 1621년 조정에서 이경전李慶全(1567~1644)을 파견하여 삼도三道의 선비들을 발탁했을 때 으뜸으로 뽑혔으며, 1624년 36세 때 증광문과增廣文科에 을과로 급제하여 승문원承文院에서 부정자副正字로 관직을 시작하였다. 그 후에 호조·예조·병조·형조·공조의 좌랑佐郞을, 병조·예조·공조의 정랑正郞을, 1번의 사간원 정언을, 5번의 사헌부 장령 등을 역임하였다.

난재는 1628년 40세 때 형조 좌랑刑曹佐郎이 되었다가 이윽고 동지성절사은사冬至聖節謝恩使의 서장관書狀官이 되었다. 이때 동지성절사은사는 송극인宋克訒(1573~1635)이었다. 동지성절사은사의 사행은 7월 10일 숙배하고 명나라로 조공하러 갔다가 다음해인 1629년 5월 3일 조정에 돌아와 복명하는 것으로 끝났다. 동지성절사은사의 서장관으로 갔다가 봉천승운황제奉天承運皇帝의 황후 주씨周氏가 1629년 2월 4일 황태자를 낳음으로써 그 탄생을 축하하고 돌아온 것이다. 난재는 1628년 7월 11일 한양을 출발하여 이듬해 윤4월 18일 평양에 돌아올 때까지 도중에서 보고 들은 일들과 중국 사람들과 나눈 이야기들을 빠짐없이 계문啓文 투로 기록해 보고한 사행기록을 남겼으니, 바로「조천시견문사건계朝天時見聞事件啓」이다. 사신 및 그 수행원들이 해로海路로 황도를 다녀온 활동상을 보여주는 자료들이다. 황도皇都에 6개월 동안 머물면서 느꼈던 점을 계문 말미에 기록하였는데, 여기서는 2005년 동국대학교 국어국문학과 연행록燕行錄 연구팀이 번역한 것을 인용한다.

신 등이 경사京師에서 6개월을 머무는 동안 외로운 관사館舍에 갇혀 지내며 때로는 접견을 할 수 없었고, 천조天朝의 사정을 통보받으매 귀머거리나 맹인과 같았습니다. 대개 황상皇上이 유충幼沖하시고 기강이 무너져 조정이 태평한 듯 꾸미고 있지

만, 밖으로 외적의 침입을 걱정하지 않을 수 없고, 탐욕스러운 풍조가 크게 떨쳐 상하 모두 같았습니다. 제독提督, 주사主事, 예부낭관禮部郎官과 같은 경우는 공연히 표를 내라고 하여 토물土物을 징색하였고, 제독은 더욱 심하여 매양 후당後堂과 관에 들어와 귓속말로 사사로운 말을 하여 모리牟利를 일삼았습니다. 또 서반序班 부사副使와 아문衙門·서리胥吏·소갑小甲의 부류들은 날마다 주구誅求를 하여 기강이 없었습니다. 유구琉球의 사신使臣과 종인從人은 단지 오륙 인인데, 관부館夫 등이 돌봐주지 않아 겨우 땔감과 물을 통할 뿐, 일이 완료되었는데도 해를 넘깁니다. 뇌물을 줄 물건이 없어서 출발을 타진할 기약이 없으니 중조中朝가 이런 폐단을 혁파하지 않는다면 외국의 조빙례朝聘禮가 거의 끊어질 것입니다. 황공하옵게도 감히 아룁니다.

동지성절사은사 일행은 숭정제의 조서와 칙서를 받들고 돌아왔다. 조서는 1629년 2월 4일에 황제가 황후 주씨의 소생 첫아들을 얻은 기쁨을 사해에 알리며, 조선의 국왕과 왕비에게 사신 편에 채폐綵幣와 문금文錦을 보낸다는 내용이다. 이에 대해 당시 사헌부는 "황태자가 탄생하여 밝은 조서를 내리셨으니, 이는 바로 천하의 큰 경사입니다. 황조皇朝가 우리나라의 피폐한 상황을 염려하여 조서를 돌아가는 조선 사신 편에 그냥 부치자는 논의가

있었을지라도, 우리나라 사신으로서는 다만 다소곳이 조정의 처분만을 기다렸어야 할 것입니다. 그런데 동지사 송극인은 폐단을 더는 일만 중한 것인 줄 알고 국가 체면에 손상이 가는 것은 생각하지 않고, 다방면으로 주선하여 조칙을 받아 돌아옴으로써 2백 년 동안 황제께서 경사를 반포하던 예를 하루아침에 무색해지게 만들었으니, 동지사 송극인과 서장관 신열도를 파직시키소서."라고 아뢰었으니, 그러한 행위가 오랜 외교적 관례를 무너뜨린 것으로 보았던 것이다. 이 밖에도 사행 당시에 올렸던 각종 정문程文과 제문祭文 등이 있는데, 「정등주군문변무문呈登州軍門辨誣文」은 등주에 주둔하고 있는 명나라 군대에 잘못 전달되어 명나라와 조선 사이에 오해가 생긴 일에 대해 사실을 밝힌 외교적 문서이며, 「제표해사신문祭漂海使臣文」은 중국에 사신으로 가다가 중도에 해난을 당한 사신을 제사한 글이다.

1627년 정묘호란이 일어났을 때, 난재는 인조를 강화도로 호종하여 형 만오 신달도와 척화斥和를 강력하게 주장하며 화의론和議論을 비난하였다. 그해 2월에는 최현이 1626년 8월 강원도 관찰사로 부임하면서 난재를 종사관으로 삼아서 조정에 청하였는데, 이때 난재는 부임하였다가 전란이 끝난 뒤에 조정으로 돌아왔다. 언제 지었는지 정확히 알 수는 없으나 아마도 서장관으로서 명나라로 갔다가 돌아오는데 오랑캐의 침입 소식을 듣고 국가의 안위를 생각하느라 밤새 잠을 못 이루는 안타까운 심정을

읊은 것이 바로 「문노적동창야불능매聞奴賊東搶夜不能寐」이다. 오
랑캐의 침입은 헛소문이었던 것 같다.

우리나라를 침략하려는 전란이 일어났다고 하니
바다에서는 아득히 멀어 소식을 믿기 어려워라.
이리저리 담장을 서성이며 밤새도록 서 있노니
대궐 그리고 집 생각하느라 눈물로 가슴이 흥건하네.
聞道東方兵馬起　　重溟消息杳難憑
彷徨遠壁終宵立　　戀闕思家涕滿膺

1636년 48세 때 사간원 정언司諫院正言이 되었다가 체임되었
는데, 겨울에 병자호란이 일어나자 인조를 호종하여 남한산성에
들어갔다. 다시 병조 정랑兵曹正郞이 되었는데, 화의가 이루어지
자 강력히 비난하며 동지들과 상소를 올려 끝까지 결사 항쟁할
것을 주장하였다. 특히 강화 사신을 보내지 말 것을 주장한 동계
桐溪 정온鄭蘊(1569~1641)을 옹호하고 간관諫官의 소임을 다하지 못
한 자신의 체직을 청하였으니, 바로 「청물견신사請勿遣信使, 잉자
핵계仍自劾啓」이다.

이조참판 정온의 차자箚子를 엎드려 보건대, 대체로 화의의 잘
못을 힘주어 아뢰어서 사신 보내는 것을 중지하도록 청한 것

이었습니다. 보고 들음이 미치는 곳이면 누구인들 감동하지 않겠습니까? 신이 그윽이 생각건대, 이적夷狄과 금수禽獸는 아침에 화친하고 저녁에 배반하니 진실로 믿을 만한 것이 못되거늘, 비변사의 여러 재신宰臣들은 자강책自强策을 생각지 않고 오직 용서나 애걸하는 계책을 품고서 날마다 폐백을 받들어 정성을 다해 보내려는 것만을 일삼으니, 생각이 여기에 미치면 어찌 섬뜩하고 한심하지 않겠습니까? 정온은 언관의 자리에 있지 않으면서도 상소로 항의하여 힘써 간하였거늘, 하물며 명색이 간관이면서 한 것이 무슨 일이었단 말입니까? 스스로 돌이켜 성찰해 보니 두려워 망연자실할 뿐입니다. 신은 이미 그것이 불가함을 알면서도 아뢰지 않고 사람을 기다려 먼저 가라 나중에 가라고만 하였습니다. 신이 직책에 충실하지 않은 죄가 크니, 청컨대 신의 직책을 체직하도록 명을 내리소서.

이듬해인 1637년 1월 30일 인조가 남한산성을 나와 청태종淸太宗에게 항복하자, 난재는 고향으로 돌아왔다.

한편, 난재는 외직外職에 있으면서 선정을 베풀다가 부임지를 떠날 때면 그 고을사람들이 비석을 세워서 칭송하였다고 한다. 1632년 44세 때 첫 번째 외직인 경성판관鏡城判官으로 나가 정사를 다스림에 있어서 어질고 너그럽게 하니 아전과 백성들이 모

두 감복하였다. 1633년 가을에 병으로 사직하였다.

1638년 봄에는 두 번째 외직인 울진현령蔚珍縣令으로 부임해서 민생에 대해 극언하였다. 이른바 「무인응지소戊寅應旨疏」로 왕명에 따라 올린 보고서인데, 계속된 흉년으로 백성들의 고통이 심하므로 세금을 경감해 줄 것과 부역을 줄이며 고을 재정에 국고보조를 해줄 것, 그리고 군액軍額의 과다한 폐단에 대해 아뢰었으니, 당시의 상황을 여실히 알려주는 것이다. 난재가 많은 어려움을 극복하고 나라를 일으키기 위해서는 널리 인재를 구했던 연燕나라 소왕昭王과 원수를 갚고자 온갖 치욕을 감수했던 월越나라 구천句踐을 잊지 말라면서 '다난흥방多難興邦'을 역설하여 3가지에 대해 관심을 기울이도록 하니, 인조가 모두 기쁘게 받아들였다고 한다. '다난흥방'은 진晉나라 유곤劉琨이 원제元帝에게 왕위에 오르기를 권고하면서 "어려움이 많을수록 나라가 흥하고, 걱정이 많을수록 성군을 만든다[多難興邦, 殷憂啓聖]."라고 한 데서 나온 말이다. 이에 당시 판서 동명東溟 김세렴金世濂(1593~1646)이 사람들에게 말하기를, "이 산성山城 뒤에는 제일의 의론이다."라고 하였다. 산성은 그것의 수축을 주장한 창석蒼石 이준李埈(1560~1635)의 상소문을 일컫는 것으로 보이는데, 후금後金의 침략에 대비하여 산성을 수축해야한다고 주장한 것으로 임진왜란 때 도처에서 아군이 쉽사리 궤멸된 것은 산성을 지키지 않고 평야에서 대적對敵했기 때문이라고 지적하였다. 그리고 격암格庵 남사고

南師古의 사당祠堂을 세우고, 효자 주경안朱景顏의 묘소에 제전祭奠을 하였다. 그 울진 경내에 자효정충慈孝貞忠의 독행자篤行者가 있으면 모두 가서 표창하고 읍중에 수재秀才들을 가려서는 권면하고 교회敎誨해서 성취시키기도 하였으며, 또한 향약례鄕約禮를 실행해서 민간이 선덕을 따르는 데 관심을 기울이도록 하니 고을사람들이 신뢰하였다. 난재가 부임지를 떠나자 고을사람들이 비석을 세워서 기념하였다. 특히 1647년 59세 때 장령掌令 난재는 수재水災와 한재旱災로 인해 굶어죽는 백성들이 속출하자 그들을 어루만져야 한다고 상소하였으니, "이번 수재와 한재를 만나 굶어죽는 백성이 많으니 마땅히 현재 호조戶曹·남한南漢·강도江都에 있는 미곡의 수효와 삼남三南의 감영監營·병영兵營 및 통영統營에 저축된 미곡과 포목의 수효가 얼마인가를 총괄해서 계산하고, 또 1년의 경비 및 외국 사신에 필요한 불시의 수요가 얼마인가를 총괄해서 계산하여 종류대로 모아 연구해서, 만약 지금 있는 것으로 충분히 지탱할 수 있으면 금년의 부세賦稅를 모두 탕감하고, 만약 혹 이 숫자에 모자람이 있으면 여러 도 가운데 아주 실농하지 않은 곳에서 절반의 세금을 거두어 1년 경비를 지탱한다면 공물을 전부 감하니 헤아려 감하니 하는 등의 구구한 말을 할 필요 없이 온 나라 백성들이 균등하게 은택을 입어 생기가 있게 될 것입니다."라고 하였다. 이 상소는 『인조실록』 25년 11월 14일조에 실려 있다. 구휼의 방책을 건의한 상소의 정신은 울진현령 시절

과 맞닿아 있다.

1649년 61세 때 세 번째 외직인 예천군수醴泉郡守로 나아가서 폐풍弊風을 개혁하고 쇠잔한 고을을 소생시키되 오직 힘이 부족하지나 않을까 걱정하였다. 그리고 임금의 명에 따라 올린 상소에서 백성들의 재력을 펴고 병적兵籍을 줄이며 궁중宮中과 부중府中이 일체가 되었던 옛 성왕聖王들을 본받아야 한다는 뜻을 말하였다.

1652년 64세 때 가을에 장령掌令이 되어 사은으로 입대해서 정치의 득실을 논하였다. 그해 겨울에 네 번째 외직인 능주목사綾州牧使에 부임했다. 부역을 균등히 하고 조세를 감면하니 백성들이 편하다고 하였다. 얼마 지나지 않아 그를 반대하는 자의 탄핵을 받아서 파직되었지만, 읍민들은 비석을 세워 그의 덕을 칭송하였다.

난재는 조정에 들어가서는 편안하고 고요하게 스스로를 지키면서 직언을 서슴지 않았고 구차히 세도가와 함께하여 잘못 따르는 행동을 하지 않았으며, 고을을 다스리는 데에 이르러서는 교화를 핵심으로 삼아 학문을 흥기시키는 데 솔선하였다. 1656년 종부시 정宗簿寺正 등에 제수되었으나 모두 나아가지 않았으며, 이때부터 다시는 세상에 뜻이 없어 고향에서 두문불출하며 몇 해 동안 병환을 다스리다가 1659년 향년 71세로 세상을 떠났다.

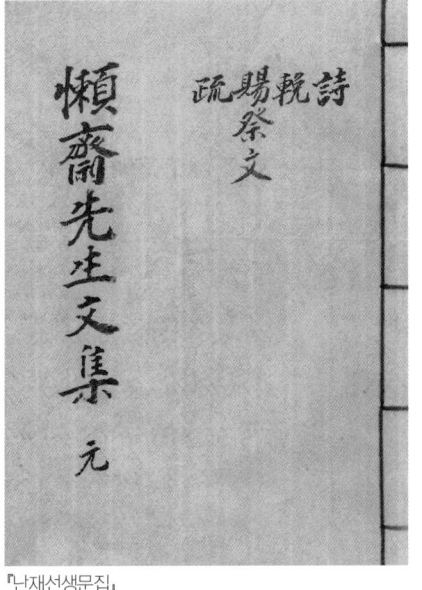

『난재선생문집』

난재 신열도의 문필이 어떻게 거두어졌는지는 전혀 알 수가 없지만, 『난재선생문집懶齋先生文集』이 간행되어 있다. 서발序跋이 없어 편찬 경위와 간행 연도를 정확하게 알 수 없다. 가장초고家藏草稿를 바탕으로 하여 수집 편차하였을 것으로 짐작되나, 갈암 이현일의 묘갈명이 빠진 것을 보면 제대로 철저히 수집되지는 않은 것으로 보인다. 9권 4책으로 구성되어 있으며, 각 권마다 목록이 있다. 현재 주석 및 번역이 되어 있지 않아 문헌에 접근하기가 용이하지 않다.

한편, 안동의 한국국학진흥원에 『난재종선조일기懶齋從先祖日記』가 소장되어 있다. 원본을 확인하지 못한지라, 그 기관에서 작성한 해제를 그대로 인용한다.

『난재종선조일기懶齋從先祖日記』는 난재懶齋 신열도申悅道 (1589~1659)의 관직일기를 그의 종손從孫되는 사람이 초록抄錄한 것이다. 모두 125면인데, 1면에 20행 30자로 보통의 1면 200자로 환산하면 375면에 달하는 방대한 분량이다. 이 일기는 세자細字 해서楷書 필사본이다.

일기의 기록은 1621년 12월 15일 북로北虜가 용천龍川으로 침입하고 약탈을 자행한 사건부터 기술하기 시작하여, 병자호란(1636)을 겪은 뒤 1654년 12월 1일 "이자신李子愼에게서 편지가 왔는데 관동關東에는 적설赤雪이 오고, 영남嶺南에는 해적지이海赤之異가 있었다고 하였다."라는 등의 천재지변에 관한 기록에서 그치고 있다. 중간에 더러 상당 기간 중단 또는 누락된 경우도 있다.

일기는 문장을 아주 간략하게 썼으나, 인명人名은 성이나 이름자를 줄여서 쓴 곳이 많고, 이두吏讀도 섞였으므로 쉽게 읽어 내려가기 어렵다. 그러나 누구와 만나고 누구와 무슨 이야기를 하였는지 등을 자세하게 기록하여 그 속에서 가치 있는 사료史料를 많이 발견할 수 있다.

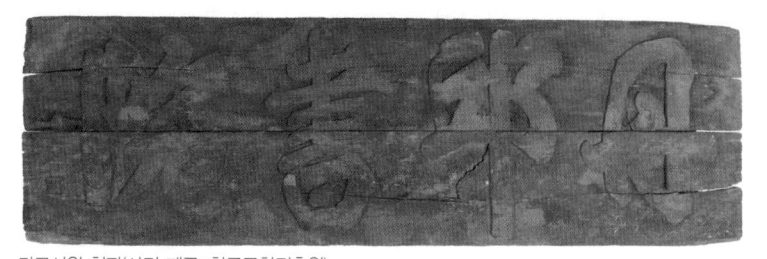

단구서원 현판(사진 제공: 한국국학진흥원)

　지금까지 살핀 신흘의 세 아들 신적도, 신달도, 신열도 형제
는 신적도의 셋째 아들 신채申埰와 함께 단구서원丹邱書院에 모셔
져 향사享祀를 받고 있다. 단구서원은 경상북도 의성군 봉양면 분
토1리 457에 있다.

　서원의 편액은 안동의 한국국학진흥원에 수탁되어 있다.
350여 년 전 능주목사를 지낸 난재 신열도가 이 마을을 개척하
고, 그 후 신석호申錫祜(1816~1881)가 후학을 가르치던 단구서당을
서원으로 승격하여 지은 것이 바로 단구서원이며, 위의 사진은
그 편액이다. 이 서원은 형제들의 창의정신, 청나라와의 화친을
반대하며 끝까지 싸울 것을 주창한 충의정신 등을 널리 밝히고,
신채의 고매한 유학사상을 후학들에게 전승시키기 위해 지은 것
이다. 고을 유림들이 1856년 장대서원藏待書院에서 향회鄕會를 열
어 서원을 세우기로 결의하고 도내 각 서원의 동의를 얻어 동년
에 착공해서 1858년에 준공을 보게 되었다. 이때 류주목柳疇睦

(1813~1872)이 「단구서원 상량문丹邱書院上樑文」을 지었다.

> 그윽이 생각건대, 단구丹邱의 좋은 경치는 소주韶州(주: 의성의 옛 명칭)의 제일가는 명승지일러라. 참으로 저 주자朱子가 중수한 백록동서원白鹿洞書院의 옛터와 같으니 맑고 서늘함이 그윽하며, 진실로 서생들이 고요히 생각을 모을 곳으로 합당하니 넓고 멀리 떨어진 한적한 곳이어라. 오직 이곳에 이 세 어르신을 모시니 정녕 한 집안의 윤서倫序가 있게 되었는데, 예전에 이미 스승의 자리에 모셔야 함이 마땅했거늘 그래도 아직까지 옷자락을 걷어들어야 할 스승의 옛 법도가 남아 있었도다. 그 인자함이 지극하니 집안에서 효도와 우애의 행실을 다하였고, 덕을 베풀며 살았는지라 마을에서는 충성과 신의를 신임하여 기쁜 마음으로 따랐도다. 이 진실한 덕은 내적으로 충만하고, 찬란한 덕화德化가 밖으로 빛났도다.

사당을 세워 향사를 거행할 수밖에 없음을 나타낸 글이다. 이 단구서원은 1868년 흥선대원군의 서원 철폐령으로 말미암아 관리가 중단되면서 자연히 멸실되었지만, 1873년 대원군의 집정이 끝나자 제단만 설치하여 매년 향사를 지내왔다. 그러다가 1984년 5월 10일이 되어서야 복원되었다. 「단구서원복원상량문丹邱書院復元上樑文」은 한문학자 하빈이씨河濱李氏 3대 대종회장 이

성도李聖道에 의해 지어졌는데, 그 원문과 번역문은 『역주 호계선생유집』(역락, 2011)의 616면에서 620면에 걸쳐 수록되어 있다.

단구서원의 표지석은, 의성읍에서 봉양면 방향으로 5번 국도를 타고 가다가 오른편에 농업기술센터가 보이는데, 그 건물에 미치지 못해서 왼쪽으로 있는 분토리라는 마을 입구에 있다. 그 길을 따라 마을로 200m 정도 들어가면 단구서원과 바로 인접해 있는 채미헌採微軒이 보인다. 서원 앞에는 공적비功績碑가 세워져 있으며, 단구서원이라 편액되어 있는 외삼문을 들어서면 상덕사尙德祠가 정면에 자리 잡고 있으며 마당의 좌우에는 동·서재가 배치되어 있다. 동재는 거인재居仁齋라고 편액되어 있으나 서재는 편액하지 않았다. 솟을대문인 외삼문을 중심으로 동쪽 담장은 토석담을 둘렀고, 서쪽 담장은 빨간 벽돌로 담장을 둘렀다.

다음 현판은 단구서원 안에 있는 사당의 현판으로 안동의 한국국학진흥원에 수탁되어 있다. 숭현사는 당초 단구서원을 세우

숭현사 현판(사진 제공: 한국국학진흥원)

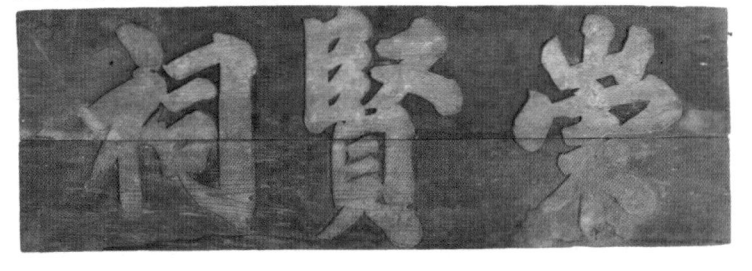

면서 신적도와 신열도, 신채의 신위를 봉안한 사당의 이름이었다. 그러다가 1990년에 신달도를 함께 추향追享하였고, 1993년에 중수하면서 상덕사로 바꾸었다고 한다.

아, 말이 필요한가. 회당이 이룩한 가풍은 아들을 거쳐 손자들에게로 온전히 이어졌다. 회당 신원록은 6대조 신우가 여말선초麗末鮮初 때 보인 절의 및 효행을 그대로 이어받아 모든 행실의 근원인 효를 지극히 실천하였고, 신재 주세붕, 퇴계 이황, 남명 조식의 문하를 드나들며 학문을 연마하여 16세기 문향으로서 의성의 중흥을 일구었다.

회당의 두 아들은 부모에게 효성이 지극하였을 뿐만 아니라 임진왜란 때 의병을 일으켜 충의를 떨쳤다. 특히 둘째 아들 신흘은 꼿꼿하고 올곧은 선비의 삶을 보여주면서 월천 조목, 여헌 장현광 등과 교유하였고, 임진왜란의 참상을 직접 목도한 후인 1603년에는 경상도의 참혹한 사적事蹟을 엄정한 시각으로 찬진한 『난적휘찬』을 실록청實錄廳에 올리기도 했다.

회당의 손자 8도道들은 모두 다 그런 것은 아니지만 월천 조목, 서애 류성룡, 한강 정구, 여헌 장현광, 우복 정경세 등에게 가르침을 받았다. 홍계의 다섯 아들들도 남다른 덕행을 행했을 것이나 현재로서는 그것들을 징험할 문헌이 남아 있지 않아 알 수 없는 것이 못내 안타까울 따름이다. 그렇지만 성은 신흘의 세 아들은 행실이 남달랐던 것으로 보인다. 부모에게 지극정성으로

효도하였고, 형제간에는 남다른 형제애가 있었다. 그들은 도학이 있는 분과 가까이하여 학업 닦는 일에 매진하였고, 서로 잇달아서 과거에 급제하여 명성이 빛나려니와 널리 퍼졌다. 벼슬과 학문 둘 다 서로 넉넉해졌을 것인바, 지위와 덕망이 모두 융숭해져야 했을 것이리라. 호란胡亂을 당해 천지가 꽉 막히고 온통 거꾸로 되는 상황에서 형제간에 나란히 충의를 떨치니, 명예와 충절이 한 집안에만 있는 것 같았다. 호계 신적도는 정묘호란과 병자호란 때 모두 의병을 일으켰다가 화친이 맺어지자 상소하여 수치스런 화친을 통렬히 비판하였고, 만오 신달도는 정묘호란 때 인조를 강화도로 호종하기 전후로 척화론의 입장에서 직언을 서슴지 않았으며, 난재 신열도는 오랑캐에게 포위되어 고립된 남한산성에서 화친의 잘못을 제일 먼저 말했다.

16세기와 17세기에 보인 회당가의 덕행, 학식, 풍도는 달리 요약하자면 충효忠孝라는 옷을 입고 의리義理라는 맛있는 음식을 만끽하며 위기지학을 실행한 것이었다. 이는 아주신씨의 명성만이 아니라 의성 지역의 명성이었기에 영남 모두가 우러러 흠모하는 바였다. 이를 발판으로 삼은 의성 지역은 그 이후로 옛 어진 이들의 드높은 공적을 받드는 좋은 명성과 향기가 남아 있는 고장이 되었다.

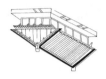

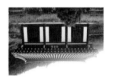

제3장 회당 신원록의 유적과 문헌

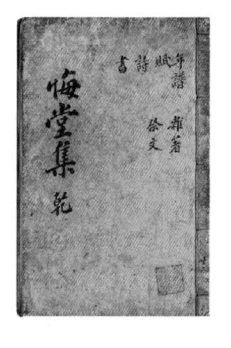

1. 묘우와 재실

　　의성의 아주신씨는 조선 중기 이래 명망 있는 양반사족 가문
으로 뿌리를 내려 수백 년 동안 의성 지역 일대에 집성촌을 이루
며 세거해 오고 있다. 의성읍에는 신우의 첫째 아들 신광부申光富
를 중심으로 읍파邑派라 불리는 내부령공파內府令公派가 주로 세
거하고, 의성군 봉양면 구미리 일대에는 둘째 아들 신광귀申光貴
를 중심으로 귀파龜派라 불리는 봉주공파鳳州公派가 주로 세거하
면서 많은 걸출한 인물을 배출하고 훌륭한 업적을 남겼다.

　　의성읍은 의성군청의 소재지로서 여러 행정기관이 위치한
행정의 중심지이다. 동쪽은 점곡면點谷面, 서쪽은 안평면安平面과
봉양면鳳陽面, 남쪽은 사곡면숨谷面과 금성면金城面, 북쪽은 단촌면

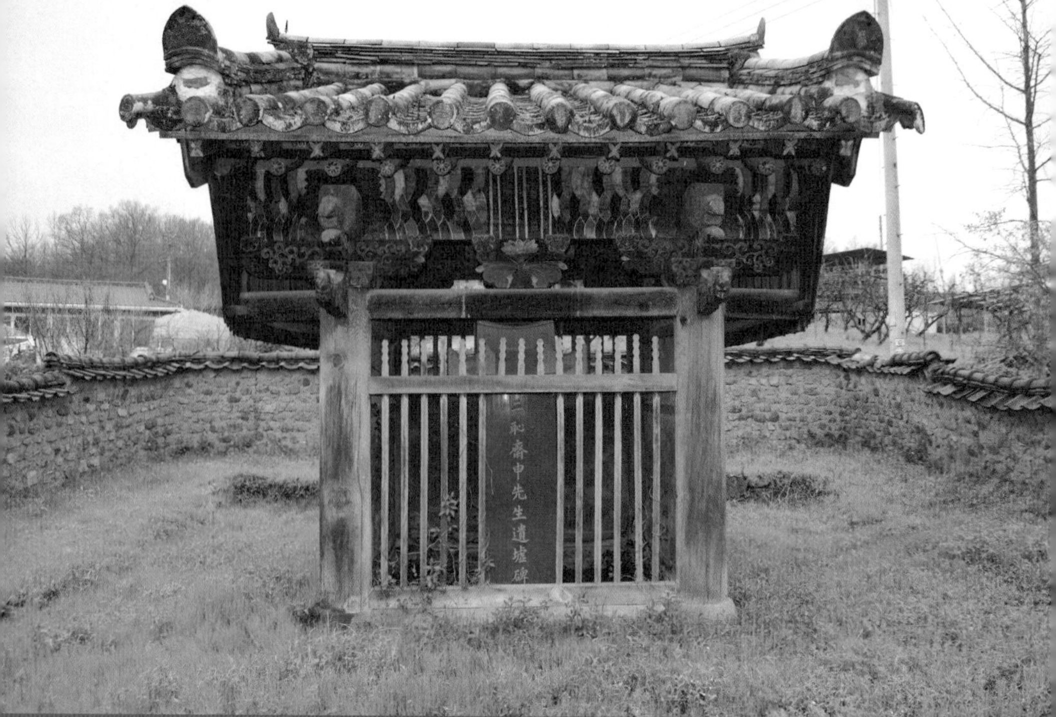

신정모의 유허비각

신봉석의 자족재

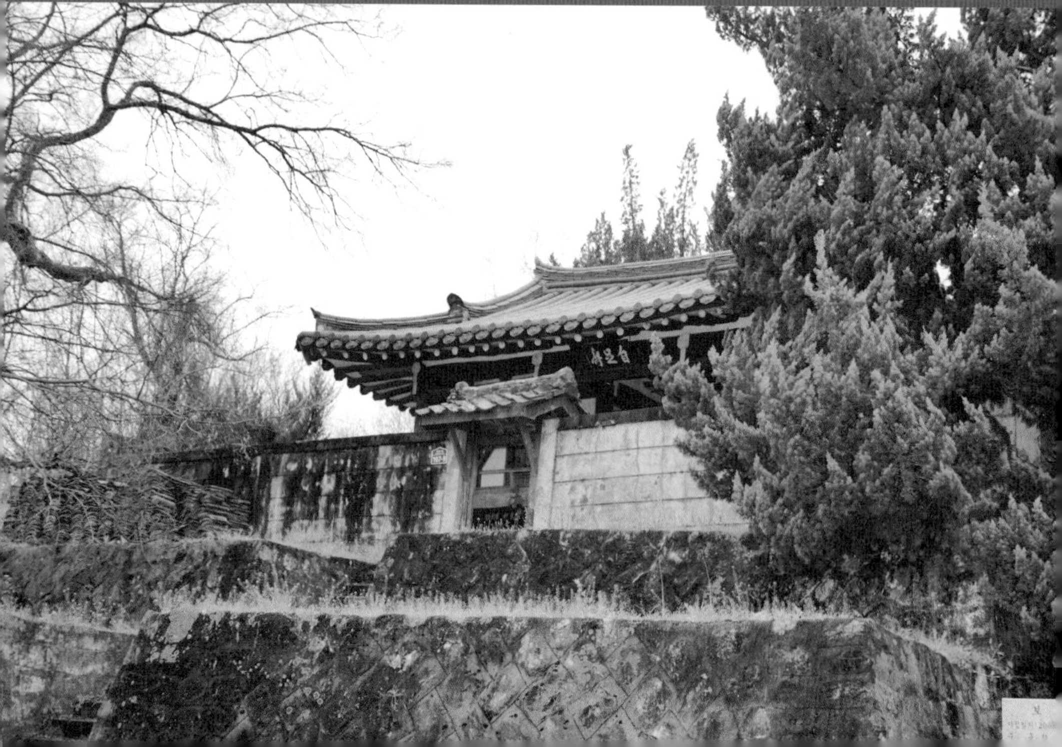

丹村面과 접하고 있다. 동남부에는 오토산五土山이 솟아 있고 서쪽에는 구봉산九峰山이 있으며, 읍의 중앙에는 남동쪽에서 북서쪽 방향으로 낙동강 상류인 남대천南大川이 길게 흐르고 있다. 의성읍은 13개 법정리, 31개 행정리, 190개 자연마을로 구성되어 있다. 이 가운데 의성읍 원당 2리, 중리 1리, 팔성 2리, 용연 1리, 업 1리 등이 아주신씨의 대표적인 집성촌인데, 특히 팔성 2리와 용연 1리는 읍파의 집성촌이다. 읍파는 신우의 첫째 아들 신광부를 중시조로 하여 신사렴과 신석명으로 대代가 이어지는데, 신석명이 당시 상주목 단밀현 주선리에서 의성현 원홍동으로 이주하면서 읍파가 성립되었다. 같은 관내이지만 팔성리로 옮기도록 계기를 만든 입향조는 신적도의 셋째 아들 신채申埰(1610~1672)이다. 그는 1646년 성균관 진사가 되었으며, 성균관에 수학할 때 학문이 뛰어나 영남의 삼모三某란 칭송을 들었다. 그러나 이후 벼슬길에 나아가지 않고 성리학 연구에 전념하였으며, 훗날 단구서원丹丘書院에 배향된 인물이다. 용연 1리의 아주신씨는 팔성리의 아주신씨가 옮겨간 것이라 한다. 아주신씨의 발자취를 보면, 팔성리에는 회당의 불천위사당不遷位祠堂과 신정모申正模(1691~1742)의 유허비각遺墟碑閣 등이 있다. 용연리龍淵里에는 신봉석申鳳錫(1631~1704)을 추모하기 위해 건립한 재사 자족재自足齋가 상신마을 뒷산 기슭에 자리 잡고 있다. 도동리에는 회당의 정려각旌閭閣이 있다.

금성면은 옛 조문국召文國의 중심지로 의성군의 남부에 있는

면이다. 동쪽은 사곡면泗谷面·춘산면春山面·가음면佳音面, 서쪽은 봉양면·군위군 군위읍, 남쪽은 군위군 우보면友保面·효령면孝令面, 북쪽은 의성읍과 접하고 있다. 북동부에는 비봉산飛鳳山·금성산金城山·오토산 등이 솟아 있으며, 남서부에는 그 지맥을 따라 대체로 구릉성 산지를 이루고 있다. 면의 서부에서 흘러든 쌍계천雙溪川이 중앙부를 지나 남동쪽으로 흘러나간다. 금성면은 15개 법정리, 39개 행정리로 구성되어 있다. 이 가운데서 도경 1리, 하 1리, 개일 2리 등이 아주신씨의 대표적인 집성촌이다. 도경리道境里는 아주신씨들이 마을을 개척해 둔태屯台라 칭하였던 곳이고, 하리霞里는 마을을 개척해 나부羅浮라 칭하였던 곳이라 한다. 개일리開日里는 회당의 5세손 신연申淵(1683~1746)이 입향하여 세거지가 되었는데, 그곳에는 신연의 효행과 충의를 기리기 위해 건립한 재사 금남재錦南齋가 있다. 또 신규식申圭植(1883~1911)을 기리기 위해 신기섭申基燮이 건립한 정자 매하정梅下亭도 있다.

사곡면은 의성군의 남동부에 있는 면이다. 동쪽은 청송군 현서면縣西面, 서쪽은 의성읍·금성면金城面, 남쪽은 춘산면春山面, 북쪽은 점곡면點谷面·옥산면玉山面과 접하고 있다. 면의 대부분 지역이 산악지대로 급경사의 산지를 이루고 있다. 면의 경계를 따라 구무산·불출산·오토산 등이 솟아 있다. 면의 남동부 계곡에서 발원하여 면의 중앙을 관류하는 남대천 지류를 따라 약간의 경지가 있을 뿐이다. 사곡면은 10개 법정리, 20개 행정리로 구

성되어 있다. 이 가운데서 매곡리梅谷里가 아주신씨의 대표적인 집성촌이다. 매곡 1리의 노매 마을은 회당의 조카 신한申僩 (1540~1633)이 입향하여 세거지가 되었는데, 그 후로 후손들이 매곡 2리의 우평 마을로 분가하여 또 다른 집성촌을 이루며 세거하였다. 이곳에는 회당의 형 신원복, 종손자 신홍도申弘道(1558~1611), 종증손자 신류申瑠(1606~1671) 등의 학문과 덕행을 추모하기 위해 창건된 매강서원梅岡書院이 있다. 이 서원은 1859년 지방 유림의 공의公義로 창건되었는데, 흥선대원군의 서원철폐령으로 1868년에 철거했다가 1910년에 복원되었다.

의성군 봉양면은 주로 아주신씨 귀파가 세거해 온 지역이나 분토리粉吐里만은 아주신씨 읍파가 세거해 온 마을이다. 신흘의 셋째 아들 신열도가 입향하여 세거지가 된 곳이다. 분토리에서는 신석호申錫祜(1816~1881)가 단구서당을 지어 유생들을 가르쳤다. 이후 이 서당은 신적도, 신달도, 신열도 세 형제의 창의정신과 충의사상을 기리고, 신적도의 셋째 아들 신채의 유학사상을 전승시키기 위해 1856년 단구서원丹邱書院으로 승격되었다. 흥선대원군의 서원철폐령으로 1868년 철거되었는데, 1873년에 제단을 설치하여 향사를 지내다가 1989년 후손인 신기훈申基勳 (1909~1989)의 주관으로 묘우廟宇를 건립하였다. 또 신적도의 학행을 추모하기 위해 세운 채미헌採薇軒이 있다. 이는 신적도가 옥산면 금학리에 건립하였던 것을 11세손 신계환申啓煥(1871~1944)이

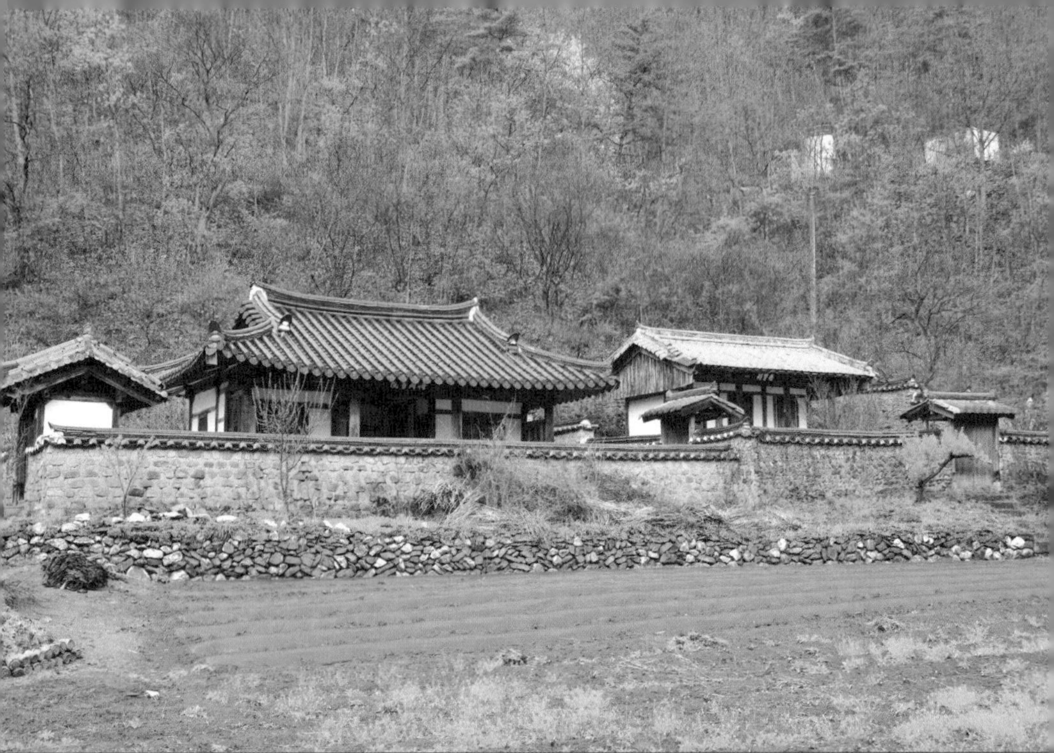

매강서원 전경

단구서원 전경

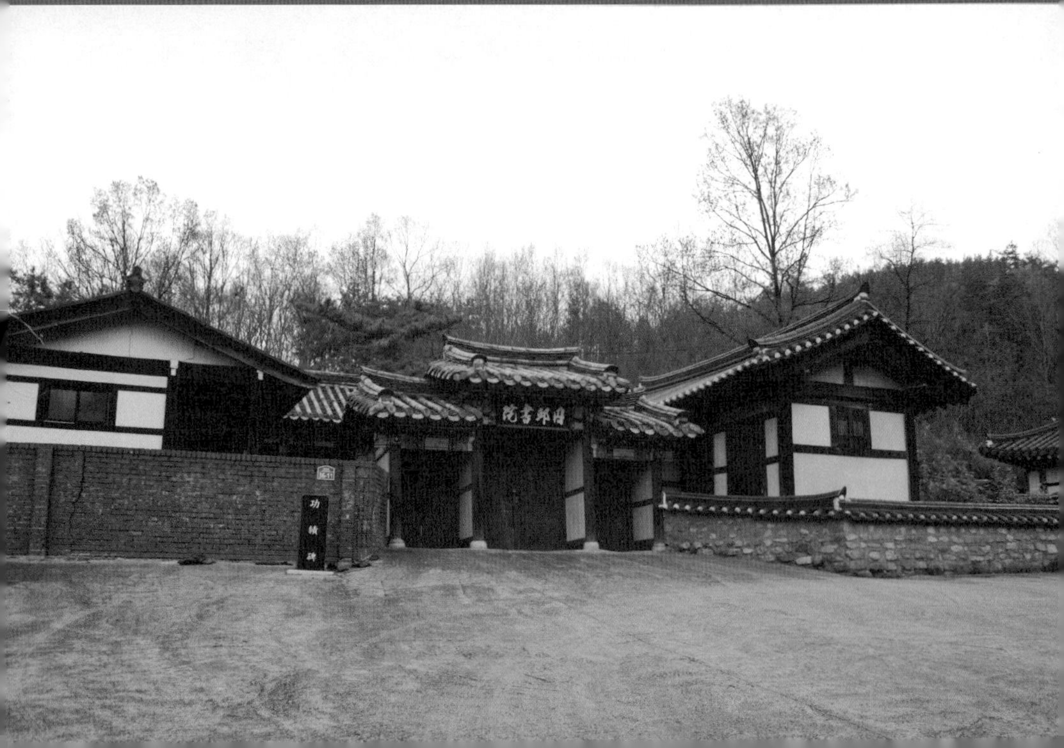

1934년에 현 단구서원 우측으로 옮겨 세운 것이다.

반면, 아주신씨 귀파의 세거지는 의성군 봉양면 일대이다. 귀파는 신우의 둘째 아들 신광귀를 중시조로 하여 그의 장손자 신시생申始生과 신개보申介甫로 대가 이어진다. 신시생이 안동군 풍북면의 정사동 지역으로 이주하였다가 그의 둘째 아들 신개보 때 의성군 봉양면 상리동 일대로 옮겼고, 다시 신개보의 현손 신지제申之悌(1562~1624) 때 봉양면 구미리에 옮겨 세거함으로써 귀파의 집성촌을 이루게 되었다.

봉양면은 의성군의 중남부에 있는 면이다. 동쪽은 의성읍, 서쪽은 비안면, 남쪽은 금성면, 북쪽은 안평면과 접하고 있다. 면의 북부는 구릉성 저산지를 이루고 있다. 북동쪽에서 흘러오는 남대천南大川과 남동쪽에서 흘러오는 쌍계천雙溪川이 면의 중앙부에서 합류하여 봉천鳳川이 되어 서쪽으로 흐른다. 봉양면은 13개 법정리, 26개 행정리로 구성되어 있다. 이 가운데 구미리는 의성의 아주신씨 귀파의 본거지이며, 구산龜山 1리와 장대리는 구미리의 아주신씨가 분가한 곳이라 한다. 신지제를 비롯하여 그의 아들 신홍망申弘望(1600~?), 신체인申體仁(1731~1812), 신정주申鼎周(1764~1827) 등 많은 인재가 배출되었다.

구미리龜尾里에는 오봉 신지제의 종택(경상북도 문화재 자료 제187호)이 있다. 전체적인 배치는 우측에 ㄱ자형의 사랑채와 ㅡ자형의 안채로 이루어진 종택이 일곽을 형성하고 있는데, 좌측에는

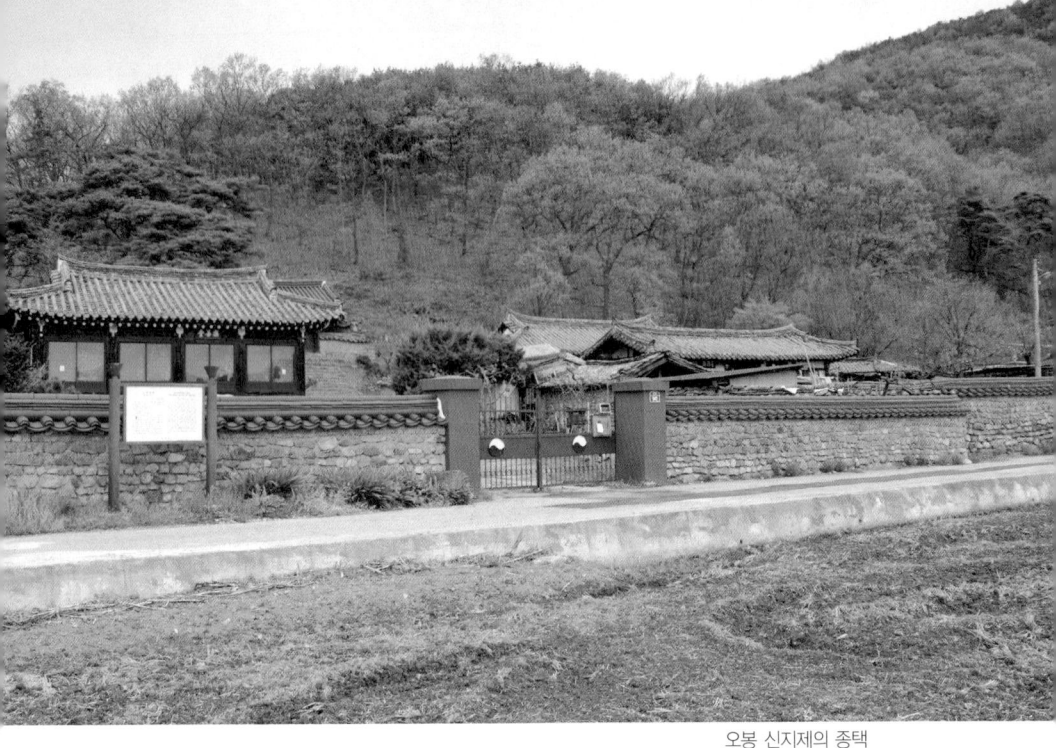

정면 4칸 측면 1칸 반 규모의 팔작기와집인 낙선당樂善堂이 자리
잡고 있으며, 종택과 낙선당 사이의 뒤쪽 언덕 위에는 불천위사
당不遷位祠堂인 오봉사당梧峰祠堂이 배치되어 있다. 그 밖에도 신지
제의 신도비神道碑, 신학홍申學泓(1821~1897)이 건립한 감애정鑑厓亭,
신한걸申漢傑(1625~1697)이 건립한 삼지당三知堂, 신희대申熙大
(1857~1927)를 기리기 위해 아들인 신정기申正基가 건립한 창암정蒼
巖亭 등이 있다. 구산리에는 회병晦屛 신체인이 금연정사錦淵精舍
를 세워 후학을 양성하던 곳이었는데, 1912년에 무너져 빈터만
남았던 것을 5세손으로 국회의원을 지낸 신진욱申鎭旭(1924~2014)

이 현재의 모습으로 다시 복원한 금산서원錦山書院이 있다. 길천리吉泉里에는 임진왜란 때 계모인 고창오씨高敵吳氏와 함께 피난을 왔다가 왜적에게 들키자 그들의 칼날에 한쪽 팔이 잘린 채로 어머니를 보호하다 숨을 거둔 응암鷹巖 신지효申之孝(1561~1592)를 기리기 위해 건립한 순효비각殉孝碑閣이 있었는데, 몇 해 전에 무너져 중수하려고 하나 현재는 형태를 찾아볼 수가 없다.

이처럼 의성 지역 일대에는 아주신씨의 집성촌이 유독 많지만, 회당의 종군宗君과 종택宗宅은 아주신씨 대종회에 따르면 현재로서 전혀 알 수가 없다고 한다. 국불천위의 장손은 종손이라 하지 않고 종군이라 칭한다. 1985년에 간행된 『아주신씨회당공파세보鵝洲申氏悔堂公派世譜』를 보면, 회당의 10대 장손까지는 의성읍과 그 주변지에 살았지만, 11대 장손 신상호申相鎬(1859~1936)에 이르러서는 묘가 충청북도 보은군 마로면 관기리에 있는 것으로 보아 그곳 어디엔가 이주하여 살았던 것 같다. 12대 장손 신창섭申彰燮(1889~1947) 형제에 이르러서 또다시 경기도 양주군 백석면 방성리로 이주한 것으로 보이는데, 그들을 포함하여 그들의 아들인 13대 장손 신기찬申基燦(1914~1977) 형제의 묘까지도 그곳에 있기 때문이다. 그리고 14대 장손과 15대 장손으로 각각 신용석申容錫(1935~?)과 신영근申榮根(1967~?)이 등재되어 있으나, 이 등재 기록조차도 2012년 간행된 『아주신씨대동보鵝洲申氏大同譜』에는 삭제되어 있다. 회당의 종군에게 연락할 수가 없었을 뿐만 아니라, 어

느 누구로부터도 수단收單을 받지 못했기 때문이라 한다. 결국 20세기 어름에 들어서면서 회당의 장손들은 어떤 연유인지 모르겠지만 고향인 의성을 떠났고, 어느 시기부터인지 알 수 없으나 고향과 연락을 두절한 채로 현재에 이르고 있는 셈이다. 그에 따라 종택도 20세기 전까지는 의성읍 일대에 있었을 것으로 짐작되나 현재는 남아 있지 않다.

회당의 종군이 부재하지만, 아주신씨 회당공파 문중에서는 유사有司를 선임하여 봉사奉祀하고 있다. 회당의 묘우와 재실을 마련하고 매년 적장자嫡長子가 주관하지 않더라도 후손들이 모여 숭조崇祖 정신의 일환으로 전통예법에 어긋남 없이 제사를 지극정성으로 받들고 있는 것이다. 종손이 종택을 지키며 전통예절을 계승하는 것은 아닐지라도, 현대사회의 조상숭배 풍조를 생각했을 때 어쩌면 적장자에 의한 제사 방식 못지않은 의의를 지니고 있는 제사방식이 아닌가 한다. 조상을 의무적으로 받드는 것이 아니라 자발적으로 모여 선조의 발자취를 기리는 모습은 선조가 남겨주신 정신적 자양분을 잘 받아들여 우애하고 또 올곧고자 자신을 가다듬는 자리일 것이기 때문이다.

회당의 불천위 묘우 전경은 경북대학교 영남문화연구원에서 드론으로 찍은 것인데, 뒤쪽의 언덕 위에는 묘우가, 앞쪽에는 재실齋室이 있다. 불천위 묘우의 정면과 측면 사진은 클로즈업해서 찍은 것이다. 묘우는 일반적으로 사당祠堂이라고도 하는데, 40

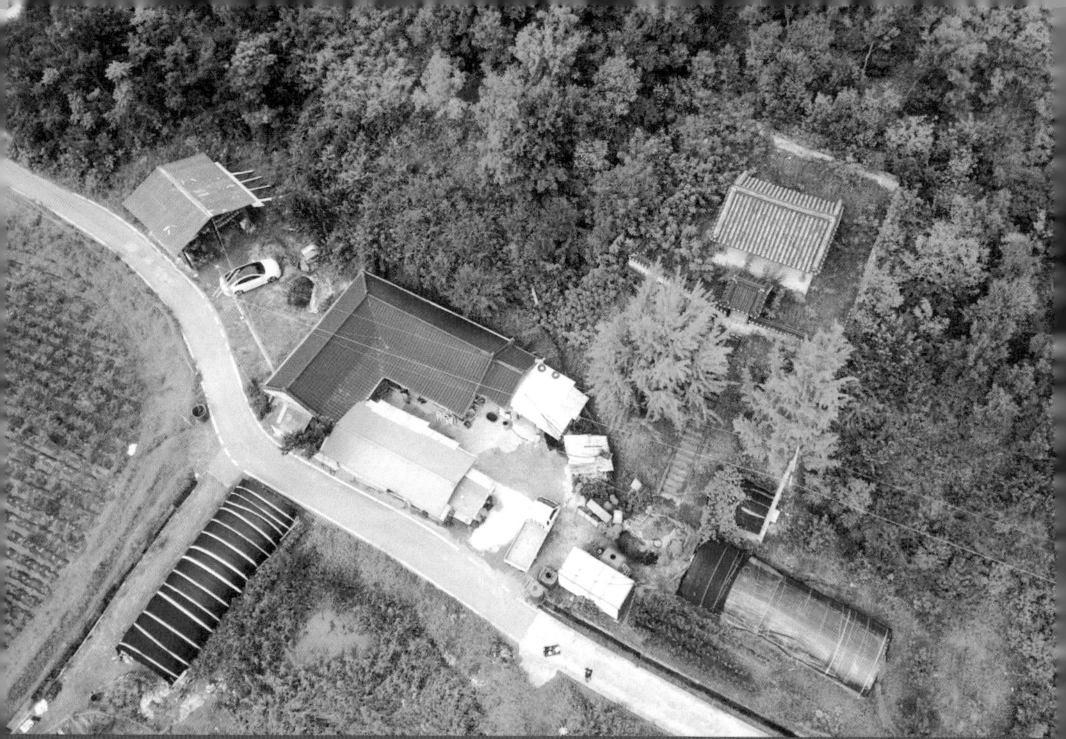

회당의 불천위묘우 전경

회당의 불천위묘우 정면

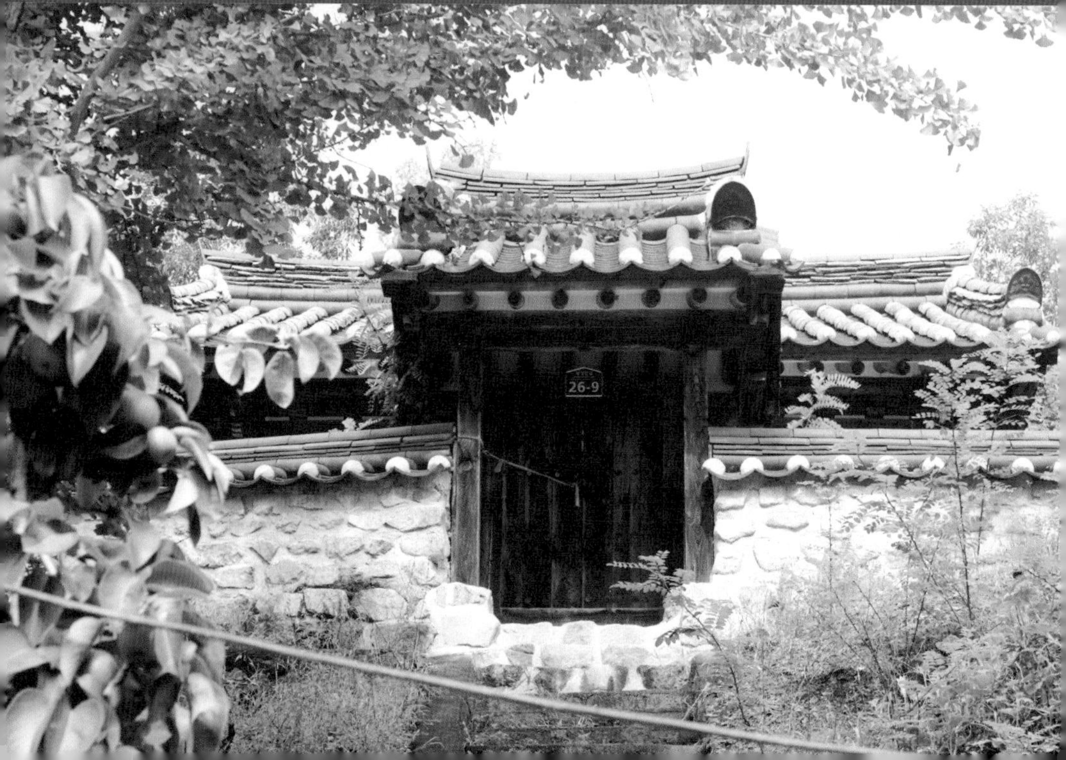

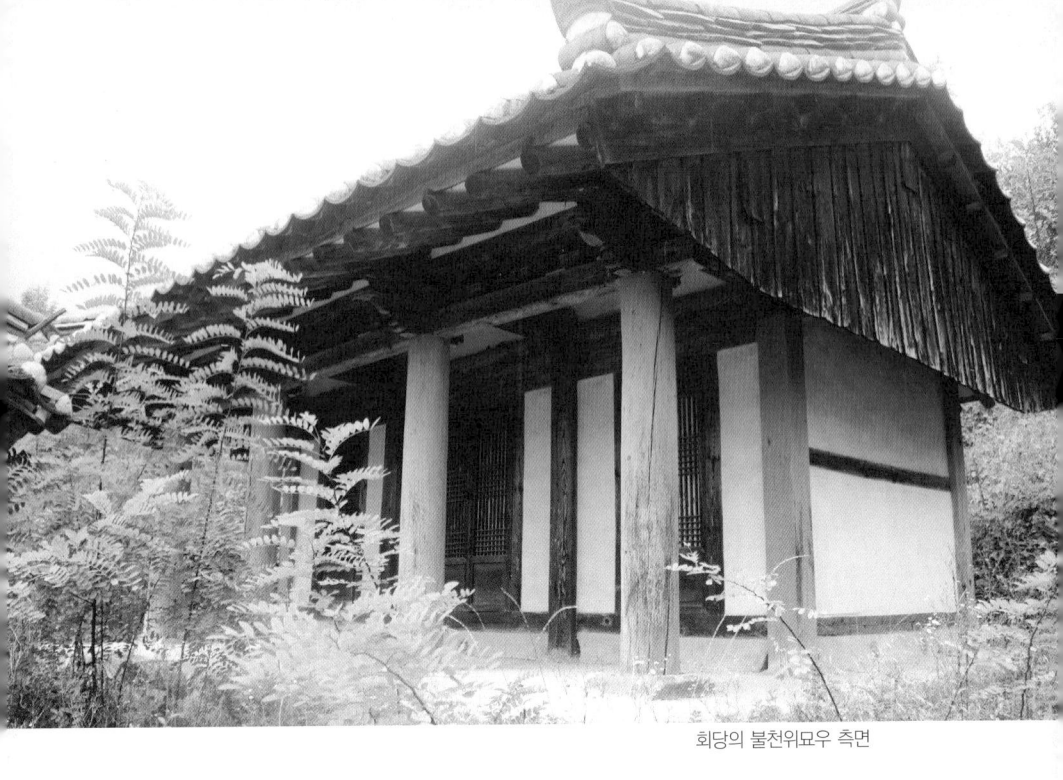

여 년 동안이나 날을 아껴가며 어머니를 봉양한 효자 회당 신원
록을 위해 지어진 것이다. 이 사당에 대해 『의성의 전통건축물』
에서는 "정면 3칸 측면 1칸 반 규모의 맞배기와집으로 주위에는
방형의 토석담장을 둘렀고 전면에는 사주문을 세워 출입케 하였
다. 평면은 전면에 반 칸 규모의 개방된 툇간을 두고 내부는 통칸
通間을 이루게 하였는데, 가운데 칸의 전면에는 쌍여닫이 세살문
을, 양측칸에는 외여닫이 세살문을 각각 설치하였다. 가구는 3량
가의 초익공初翼工집이며, 처마는 홑처마이다."라고 설명하였다.
이 사당은 의성읍 팔성안길 26-9에 있다. 이곳은 회당이 11세부

터 8년 동안 효성 지극하게 간병했음에도 불구하고 돌아가신 부친 신수申壽를 장사지낸 곳이기도 하다. 팔지산八智山 아래에 예전부터 동네를 이루어 살던 많은 주민들은 회당이 부친을 팔지산에 장사지내려 하는 것을 탐탁하게 여기지 않았지만, 끝내는 효자의 바람을 어찌 들어주지 않을 수 있겠는가 하면서 장사지내도록 하였다는 일화가 전한다. 회당 역시 죽어서 부친의 묘 아래에 묻혔다.

의성읍 팔성안길에 있는 사당은 바로 불천위사당이다. 불천위不遷位는 '옮기지 않는 신위'라는 뜻이다. 불천위는 나라에서 인정한 국불천위國不遷位, 유림에서 발의하여 정한 도불천위道不遷位(향불천위鄕不遷位 또는 유림불천위儒林不遷位), 문중에서 모셔야 한다고 뜻이 모아진 사불천위私不遷位 또는 문중불천위門中不遷位로 크게 구별하여 나눈다. 일반적으로 신주神主는 그 4대손이 모두 죽을 때까지 사당에 모시고 지내다가 무덤에 묻는 것이니, 제사는 고조高祖까지 4대를 봉사하게 되어 있고 그 윗대의 조상들은 시제時祭 때 모시게 되어 있다. 그러나 불천위는 신주를 옮기거나 무덤에 묻지 않고 사당에 영구히 두면서 자손들이 제사를 지내는 것이 허락된 신위神位를 일컫는다. 이는 조선시대 때 국가에 공헌했거나 학덕이 높았던 인물을 기리고자 그 신주를 4대봉사가 지난 뒤에라도 혹여 제사를 지낼 후손이 끊겼을지언정 신위를 옮기지 않고 자손 대대로 영원히 제사를 모시게 한 것이다. 그만큼 불

천위를 모신다는 것은 가문의 영광이므로 불천위제사는 시제時祭보다 훨씬 많은 음식을 차려 제사를 지낸다.

의성 지역에서 불천위를 지내는 인물은 의성읍 상리리의 효사재孝思齋 이탁영李擢英(1541~1610), 봉양면 구미리의 오봉梧峰 신지제申之悌(1562~1624), 금성면 산운리 학록정사鶴麓精舍의 학동鶴洞 이광준李光俊(1531~1609), 경정敬亭 이민성李民宬(1570~1629), 자암紫巖 이민환李民寏(1573~1649) 3부자, 금성면 수정리 용문정의 운곡雲谷 이희발李羲發(1768~1849), 점곡면 사촌리의 만취당晩翠堂 김사원金士元(1539~1601), 점곡면 사촌리의 천사川沙 김종덕金宗德(1724~1797), 구천면 용사리 십리촌의 장시규張是奎(1627~1712)와 그 아들 장한상張漢相(1656~1724) 장군 등이 있다. 회당 신원록은 1615년 10월에 정려旌閭가 내려지고 통정대부通政大夫 호조참의戶曹參議에 증직되고 『속삼강행실續三綱行實』에 실리면서 불천위제사를 지내도록 어명으로 허락되었다고 한다.

한편, 재실齋室은 무덤이나 사당 옆에 제사를 지내기 위하여 지은 집을 일컫는다. 회당의 재실은 불천위 묘우 전경 사진의 하단에 있는 것인데, 지붕을 기와 모양의 함석으로 이은 집이다. 이는 제사에 참석하는 사람들이 숙식하는 곳이기도 하고, 제사음식을 장만하는 곳이기도 하며, 제사를 지내고 난 뒤 제사에 쓴 음식을 나누어 먹는 곳이기도 하다. 재실뿐만 아니라 묘소도 아울러 관리하는 묘지기 또는 산지기라 일컬어지는 사람이 있다. 이들

은 묘전墓田을 경작하면서 묘사墓祀 제수祭需 준비 및 묘지 관리 등에 종사하였다. 경제적인 측면에서는 고용인의 처지로 종속적이었지만, 신분상으로야 과거에는 상민이나 천민들이었기 때문에 예속적이었을지라도 근대에 와서는 그렇지 않았다. 선조의 묘소가 후손가後孫家와 상당히 멀리 떨어져 있을 경우, 그 관리가 소홀해지지 않도록 하기 위한 방편으로 그들을 두었던 것이다.

그러나 묘지기는 경제적으로 수지가 맞지 않았던 데다 사회적으로 천대받기를 싫어하여 나가버리기가 일쑤였다. 또한 현대 산업사회의 발달로 농경사회의 공동체의식이 무너지자 족인族人들의 숭조관념·문중관념·동족관념이 희박해지기도 하고 제례祭禮의 참가율도 낮아지기도 하였다. 따라서 재실은 속수무책인 상태로 방치되어 폐허화되고 있는 것이 현실이다. 그렇지만 의성군 의성읍 팔성동에 있는 회당의 재실은 사진에서 보는 것처럼 비교적 잘 관리되고 있는 편이다.

2. 정려각

회당의 정려각旌閭閣은 의성군 의성읍 도동3리 631번지에 있다. 조선조 의성 고을의 사람들은 회당의 사후 14년이 지난 1590년에 회당의 고결한 행적을 모아서 고을수령에게 글월을 올려 조정에 상달되도록 하였다. 그러나 임진왜란이 일어나는 바람에 포상하는 은전恩典을 거행하지 못했다. 이것을 안타깝게 여기던 차에 1603년 생원 구연具淵(1538~?) 등이 다시 관찰사에게 글월을 올리자, 관찰사가 곧바로 조정에 알려서 4월에 복호復戶하는 특전이 내려졌다. 구연은 능성구씨綾城具氏로 자는 자심子深인데, 1579년 식년시에 급제하여 생원이 된 인물이다. 복호는 부역이나 조세를 면제하는 것이다.

그로부터 12년이 지난 뒤인 1615년 10월에 이르러 회당의 효행이 『속삼강행실』에 실렸고, 조정의 명으로 정려旌閭가 내려졌으며, 통정대부 호조참의에 증직되었다. 『속삼강행실』에 실린 기사는 이러하다.

훈도訓導 신원록申元祿은 의성현義城縣 사람으로 고려조의 효자 신우申祐의 후손이다. 11살 때 아버지가 병이 나자 팔공산八公山에 올라 몸소 약을 캐어 와서는 의원의 조제에 따라 달여 올렸다. 눈을 제대로 붙이지 않고 옷의 띠를 제대로 풀지 않은 것이 8년이나 되도록 게으르지 않았다. 부친상을 당하여 여묘살이를 하고 홀어머니를 40년 동안 조양하였는데, 어머니의 마음을 기쁘게 해드리는 것에 힘써서 연친곡宴親曲 8수를 지었다. 어머니가 병이 들자 대변까지 맛보았고, 돌아가시자 슬퍼하고 가슴 아파했다. 계절을 가리지 않고 하루에 세 번씩 묘에 올랐으며, 일찍이 그려둔 어머니의 영정을 궤연几筵에 걸어두고서 아침저녁으로 곡哭하며 절하였다. 그리고 "내가 죽은 후에 어머니의 영정을 내 관 옆에다 걸어두어라. 내 마땅히 지하에서라도 어머니를 받들어 모셔야겠다."라고 말했다. 인종仁宗의 국상國喪 때는 거친 밥을 먹고 육식을 하지 않기를 3년 동안 했다. 그의 스승 주세붕이 죽자, 또한 심상心喪을 3년 동안 했다. 지금의 임금 때에 와서 정려旌閭가 내려졌다.

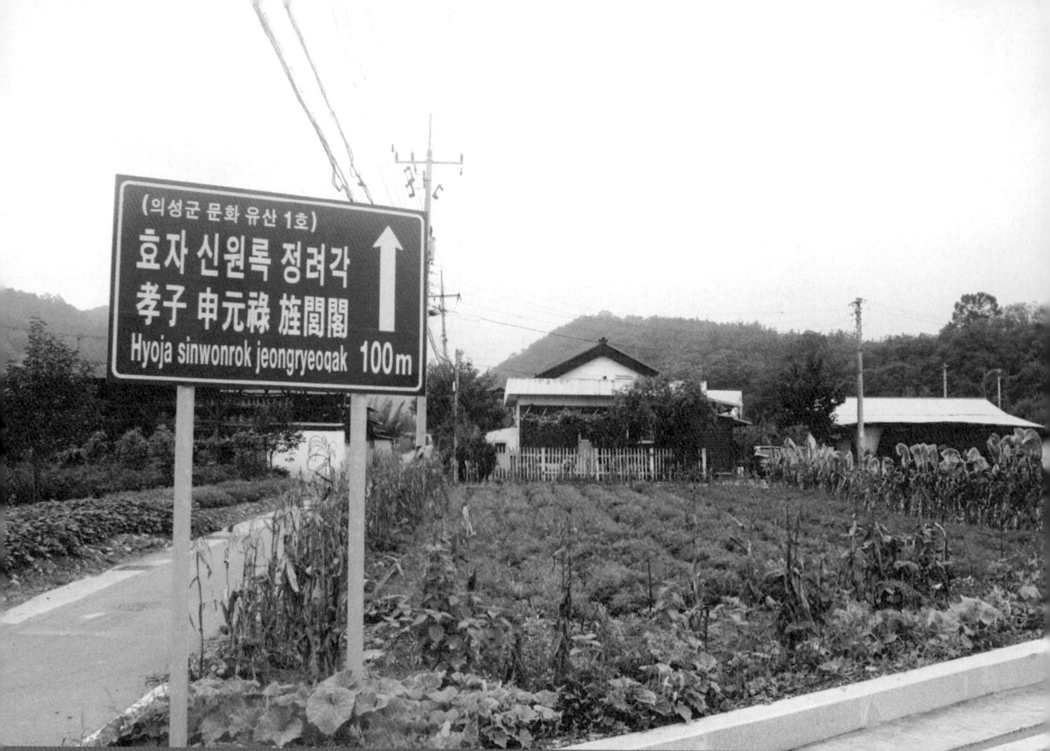
(의성군 문화 유산 1호)
효자 신원록 정려각
孝子 申元祿 旌閭閣
Hyoja sinwonrok jeongryeoqak 100m

신원록 정려각 안내판

신원록 정려각 설명판

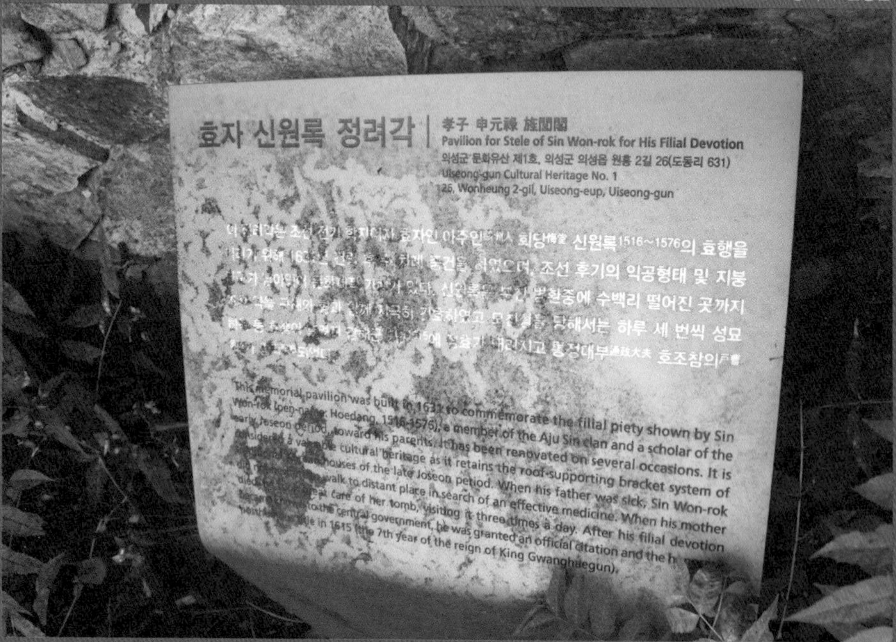
효자 신원록 정려각
孝子 申元祿 旌閭閣
Pavilion for Stele of Sin Won-rok for His Filial Devotion
의성군 문화유산 제1호, 의성군 의성읍 원흥 2길 26(도동리 631)
Uiseong-gun Cultural Heritage No. 1
25, Wonheung 2-gil, Uiseong-eup, Uiseong-gun

이처럼 정려가 내려졌으나, 그 정려각은 41년이 지난 1656년 5월에야 지어졌다. 의성현 원홍동에 있던 회당의 옛집에 세워졌는데, 손자 사간司諫 신열도가 비석 뒷면에 적을 소지小識를 짓고 증손자 위솔衞率 신재申在(1609~1663)가 글을 썼다. 신재는 바로 신달도의 장자이다. 그해 9월에는 의성 고을수령 안응창安應昌(1603~1680)이 제묘문祭墓文을 지어 제사지냈는데, 그 글 가운데, '유검루庾黔婁처럼 대변을 맛보아 가며 어버이 병수발을 하고, 고자고高子皐처럼 피눈물을 흘리며 모친상을 치렀으며, 임금의 상(1545년 7월 仁宗의 喪)을 만나 부모의 상을 입는 복제로 다하고, 소찬素饌(주: 거친 밥을 먹고 육식을 하지 아니하는 것)을 3년 동안이나 했다[黔婁奉疾, 高子執喪, 方喪盡制, 食素三年]' 등의 말이 있다. 유검루는 양梁나라의 효자로 아버지 유역庾易이 설사병을 앓아 치료를 극진히 하였으나 어쩔 수 없는 지경에 이르자 의원의 말에 따라 대변을 맛보았다. 즉 대변이 달면 쉬 죽고 쓰면 산다는 것이었는데, 대변이 달았다. 그래서 부친의 병을 자신이 대신 앓게 해 달라고 매일 밤 북두성北斗星에 빌었더니, "그대 부친의 수명이 이미 다하여 더 이상 연장해 줄 수 없으나, 그대의 정성스러운 기도가 갸륵하므로 이달 말까지만 연장해 주겠다."라는 소리가 들려와 그믐날에 부친이 별세했다는 고사가 있는 인물이다. 그리고 고자고는 공자의 제자 고시高柴로 어버이의 상을 당하여 3년 동안 피눈물을 흘리면서 소리 없이 울었으며, 이를 드러내고 웃은 적이

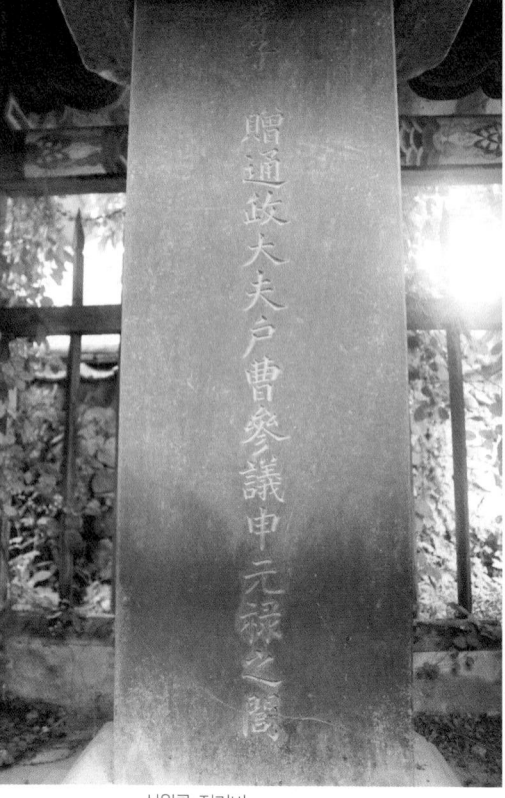

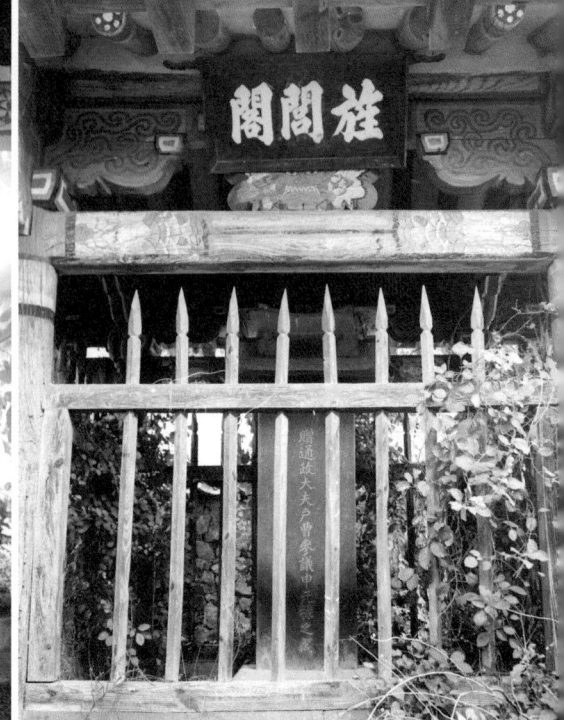

신원록 정려비   신원록 정려각

없었다는 인물이다.

이 정려각에 대해 『의성의 전통건축물』에는 "비각은 단칸單
間 규모의 맞배기와집인데 주위에는 방형의 토석담장을 둘렀으
며 전면에는 일각문을 세워 비각으로 출입케 하였다. 비각의 4면
에는 홍살을 세워 내부를 들여다 볼 수 있게 하였는데, 비각 내에
는 '효자증통정대부호조참의신원록지려孝子贈通政大夫戶曹參議申元
祿之閭'라 각자한 비가 세워져 있다. 가구는 3량가의 이익공二翼工

집이며 처마는 겹처마이다."라고 설명되어 있다. 이 정려각은 현재 의성군 문화유산 제1호이다.

3. 배향서원

회당의 배향서원配享書院은 유림에 의해 원래 이산서원尼山書院이었으나 당시 의성현령 이당규李堂揆(1625~1684)에 의해 장대서원藏待書院이 되었다.

이산서원은 회당의 효우와 학덕을 기리기 위해 1669년에 의성 고을의 유림들이 합의하여 회당이 거주하던 이산尼山의 동쪽 아래 터에다 짓기 시작해 1670년에 묘우廟宇가 완성된 서원이다. 지금의 의성군 의성읍 도동리 뒷산 상수도 배수지 옆에다 지은 것으로 추정된다. 남몽뢰南夢賚(1620~1681)의 「이산구원묘우상량문尼山舊院廟宇上樑文」에 따르면, "방백方伯이 성심을 다하여 기율을 잡고 특별히 성묘聖廟(주: 공자의 사당)를 짓다 남은 묵은 재목을

내어주었으며, 지주地主(주: 고을 원님)는 관리하는 데 온 힘을 기울이고 현인들의 사우祠宇를 새로 짓는 것에 대해 맨 먼저 거론하였다. 그러자 경서를 보고 학업을 닦던 많은 서생書生들이 의기투합하여 나오고, 풍속을 따라 역사役事에 모여든 백발의 노인까지 다 함께 권하며 스스로 나왔다."라고 하였으니, 이산서원의 묘우 건립은 온 고을의 성대한 일이었다. 묘우가 완성되자, 송은松隱 김광수金光粹(1468~1563)와 회당悔堂 신원록申元祿을 봉향奉享하려 했다. 남몽뢰의 상량문에는 두 분을 봉향하려 했던 이유가 설명되어 있다.

> 이 두 분과 같은 현인賢人의 출현은 오백 년을 기약해야만 하거늘, 한 고을에 모두 모여들었고 또한 2, 30리 안에 계시었다. 무릇 하늘의 뜻이 아니고서야 아, 찬란했던 사이에 정기精氣가 모여 태어나서는 한때의 곤괘困卦와 둔괘屯卦를 어찌 논했으며, 기나긴 밤에도 해와 별처럼 밝게 빛났으랴. 온 세상이라 해도 어긋나지 않을 것이니 온 나라의 스승으로 삼을 수 있는 분들이고, 같은 마을에 나시고도 이름이 났으니 우리 고을로서야 더욱 친절해지는 것이 마땅하리라. 상상컨대, 흠모한 지 이미 오래여서 그림자, 음성과 체취조차 찾을 수 있었으니 더 돈독히 숭상하고 보답하려는 정성으로 제향祭享하는 의전儀典을 논의했으리라. 이렇게 아름다운 덕을 좋아함은 사람들의 마음

이 똑같음을 보여주는 것이며, 안락한 이 언덕의 무덤은 하늘의 조화가 결코 우연이 아님을 깨닫게 한다.

그러나 두 분을 이산서원의 묘우에 봉향하려는 즈음 당시 읍재邑宰였던 이당규가 같은 고을의 선현들을 두고 사당祠堂을 달리하여 모셔서는 아니 된다며 함께 받들어 모시도록 했기 때문에, 이산서원의 묘우가 이미 완성하고도 두 분을 바로 봉안하지 못했다. 한편, 장대서원은 1610년 오봉梧峰 신지제申之悌(1562~1624)가 후진을 기르기 위해 강당을 건립한 데서 비롯되었다. 장대藏待는 여헌 장현광이 명명한 것으로 『주역』「계사하전繫辭下傳」의 "군자는 몸 안에 재능과 도량을 감추어 두었다가 때를 기다려 움직여야 한다[君子, 藏器於身, 待時而動]."는 구절에서 취한 것이다. 오봉의 사후 47년이 지난 1672년 강당 옆에 경현사景賢祠를 세웠다. 『연려실기술燃藜室記述』 별집 4권 '서원書院'에 따르면, 장대서원은 1672년에 세운 것으로 나오기 때문이다. 또한 『오봉집』에도 이당규가 지은 장대서원 상량문과 함께 1672년에 김계광金啓光이 지은 오봉의 봉안문奉安文이 나온다. 따라서 장대서원의 건립연대가 1662년인 것은 오류인 것으로 짐작된다. 1672년 그해 오봉을 향사享祀하고 그 다음해에 경정敬亭 이민성李民宬(1570~1629)을 함께 배향하였다.

1685년 10월에 이르러서 도내 유림들이 모여 송은과 회당의

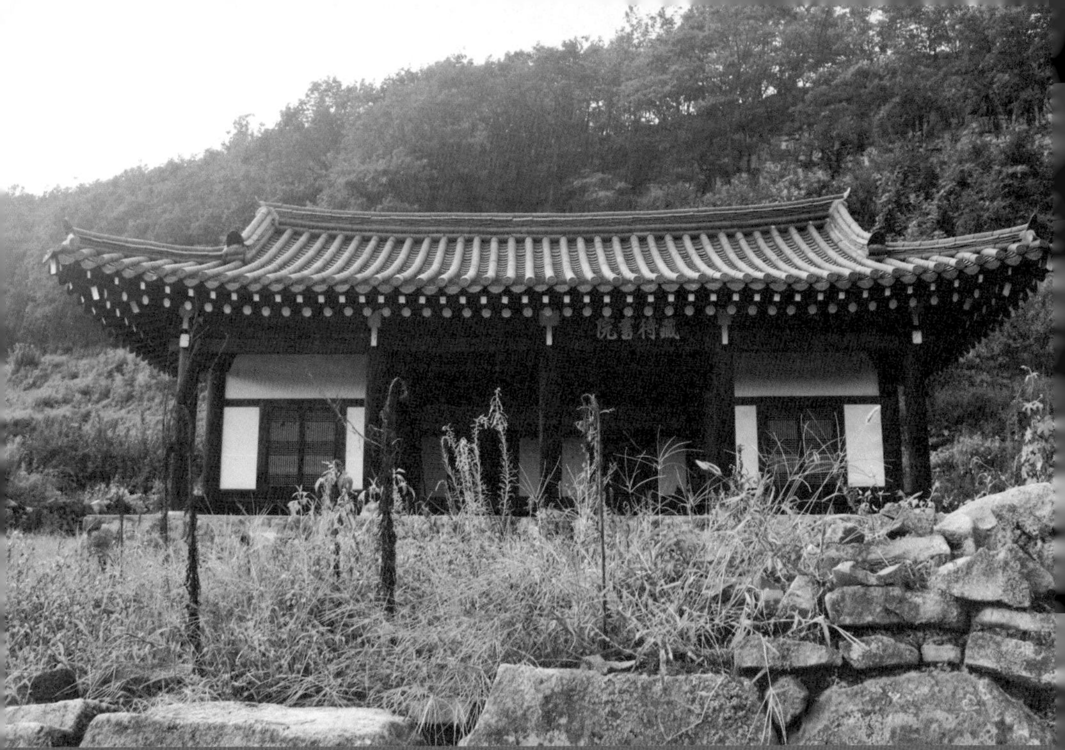

장대서원

장대서원 설명판

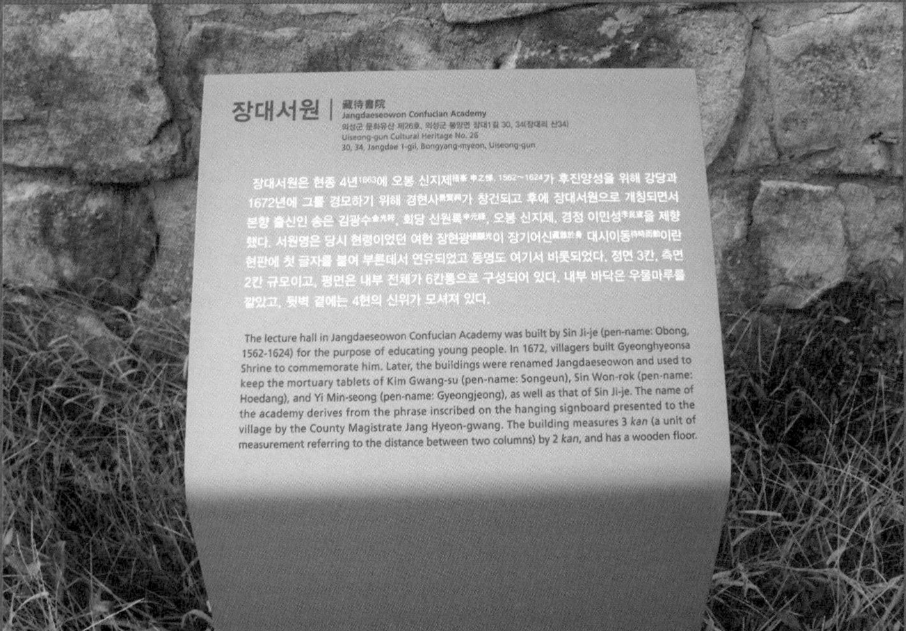

장대서원 | 藏待書院
Jangdaeseowon Confucian Academy

의성군 문화유산 제26호, 의성군 봉양면 장대1길 30, 34(장대리 산34)
Uiseong-gun Cultural Heritage No. 26
30, 34, Jangdae 1-gil, Bongyang-myeon, Uiseong-gun.

장대서원은 현종 4년(1663)에 오봉 신지제(五峯 申之悌, 1562~1624)가 후진양성을 위해 강당과
1672년에 그를 경모하기 위해 경현사(景賢祠)가 창건되고 후에 장대서원으로 개칭되면서
본향 출신인 송은 김광수(金光粹), 회당 신원록(申元祿), 오봉 신지제, 경정 이민성(李民宬)을 제향
했다. 서원명은 당시 현령이었던 여헌 장현광(張顯光)이 장기(어신리(於神里)로 대시이동(待時移動)이란
현판에 첫 글자를 붙여 부른데서 연유되었고 동명도 여기서 비롯되었다. 정면 3칸, 측면
2칸 규모이고, 평면은 내부 전체가 6칸통으로 구성되어 있다. 내부 바닥은 우물마루를
깔았고, 뒷벽 곁에는 4현의 신위가 모셔져 있다.

The lecture hall in Jangdaeseowon Confucian Academy was built by Sin Ji-je (pen-name: Obong,
1562-1624) for the purpose of educating young people. In 1672, villagers built Gyeonghyeonsa
Shrine to commemorate him. Later, the buildings were renamed Jangdaeseowon and used to
keep the mortuary tablets of Kim Gwang-su (pen-name: Songeun), Sin Won-rok (pen-name:
Hoedang), and Yi Min-seong (pen-name: Gyeongjeong), as well as that of Sin Ji-je. The name of
the academy derives from the phrase inscribed on the hanging signboard presented to the
village by the County Magistrate Jang Hyeon-gwang. The building measures 3 kan (a unit of
measurement referring to the distance between two columns) by 2 kan, and has a wooden floor.

위패를 장대서원 경현사에 봉안하기로 하였다. 따라서 이산서원은 자연적으로 폐쇄되었다. 이로써 장대서원의 경현사에 모시게된 신위神位는 왼쪽에서부터 차례로 송은, 회당, 오봉, 경정의 순이었다. 1702년 사祠가 서원으로 승격되어 유지해 오다가 1868년 8월 흥선대원군의 서원 철폐령에 따라 훼철되었다. 그 후로 회당의 후손 신달섭申達燮과 오봉의 예손裔孫 의성군수 신태근申泰根 등이 공의를 모아 1987년에 경현사를 복원하였고, 1996년에는 회당의 후손 신진돌申鎭乭이 주선하여 의성군수 정해걸의 도움으로 강당을 중건하여 오늘에 이르고 있다. 이때 지어진 김창회金昌會의「장대서원 중건기藏待書院重建記」는 그 내용에 있어서 증거자료를 좀 더 세밀히 살펴보아야 할 듯하다.

장대서원은 강당과 사당이 측면으로 배치되어 있는 병렬 형태로, 사당인 경현사와 강당 등 총 2동으로 구성되어 있다. 경현사는 정면 3칸, 측면 2칸 규모의 맞배지붕 건물이다. 단청은 칠하지 않았다. 강당은 정면 4칸, 측면 1.5칸 규모의 팔작지붕 처마이다.

장대서원은 경상북도 의성군 봉양면 장대리 산34에 있다. 의성군 봉양면의 일산 노인회관 앞 장대교를 지나 500m 가량 이동을 하면 '장현사' 안내판이 나온다. 장현사 안내판을 지나면 오른편으로 좁은 길이 나 있는데 이 길을 따라 10여 호의 민가를 지나면, 뒤쪽 산허리에 장대서원이 자리 잡고 있다.

4. 사적비

회당의 사적비는 1988년 4월 16일에 제막식을 가졌다. 먼저, 그 경과를 정리하면 다음과 같다.

· 1984년 8월 5일, 회당 신 선생의 사적비문을 성균관대학교 교수 이우성 박사에게 찬출을 청탁하다.

· 1985년 12월 24일, 대전시 중구 오류동 보령석재 대표 김양 호와 1차로 비석 계약을 체결하고 석재를 발주하다.

· 1986년 4월 1일, 이우성 박사에게 청탁한 비문을 받아오다.

· 1987년 1월 13일, 부산에 거주하고 있는 일두一蠹 정 선생 (주: 정여창鄭汝昌)의 16세손 정기상鄭麒相에게 비문 서역書役

을 의뢰하고, 동년 2월 6일 산청山淸 김황金榥 선생 함씨咸氏 (주: 조카) 김창근金昌根을 통하여 글씨를 받다.

· 1987년 4월 7일, 회당선생사적비 건립을 의성문화원이 주관하되, 의성유도회장 향교전교 문화원장 사림 유지 등과 의성군수 교육장 경찰서장 기획으로 건립키로 합의하고 장소를 물색하여 현위치로 결정하다.

· 1987년 4월 15일, 회당 신 선생의 후손 다수가 입회하에 비문을 비석에 부착하고 각자刻字 및 치석治石에 착수하다.

· 1987년 5월 11일, 사자석 및 송시비의 자연석과 부대석물을 추가로 발주하여 계약을 체결하다.

· 1987년 9월 10일, 사적비 건립 장소를 주최 측과 유관기관이 협의하면서 후손 신기효申基孝가 향교 동측 현위치로 확정하고 정지작업에 착수하다.

· 1987년 9월 30일, 현위치에 사적비 건립 공사의 1단계를 완료하다.

· 1987년 10월 30일, 회당 신 선생의 사모시思母詩를 담은 후비後碑와, 동년 11월 24일 약력비略歷碑를 추가로 건립하다.

· 1987년 12월 초, 환경정리를 완료하여 준공을 보게 되다.

· 1988년 4월 16일, 제막식을 올리다.

이런 과정을 거쳐 세운 회당의 사적비문의 내용은 다음과

같다.

회당悔堂 신원록申元祿 선생先生 사적비문事蹟碑文

여기 우리 영남 선현의 한 분으로 향토 의성의 풍교와 문물에
거룩한 자취를 남긴 회당 신원록 선생의 행의行誼와 업적을 기
록하여 지난 옛일에 대한 우리의 인식을 새롭게 하고, 나아가
장래의 세상에 대한 훌륭한 교훈으로 길이 일깨움을 주고자
한다.

조선 오백년 유교문화의 발상지는 곧 영남이고, 영남은 다시
좌도左道와 우도右道로 나누어 그 문화의 특색을 살필 수 있
다. 일찍이 우리나라의 인문人文을 평한 선철先哲(주: 성호星湖
이익李翼을 가리킴)의 말씀에 의하면, 백두산白頭山의 정맥正脉
이 뻗어 내려 영남 쪽으로 대소백大小白이 되고 지리智異가 되
었는데, 퇴계退溪는 소백산 아래에서 그리고 남명南冥은 지리
산智異山 아래에서 학學과 덕德을 닦아, 좌도左道는 인仁을 위
주하고 우도右道는 의義를 위주하여, 한쪽의 덕화德化를 해활
海濶에 비긴다면 한쪽의 기절氣節은 산고山高에 견줄 만하다.
이리하여 우리나라의 유교문화는 그 정점에 도달한 것이라고
한다. 이 시기는 대체로 16세기 중엽으로 중종조中宗朝 내지
명종조明宗朝에 해당한다.

조선 왕조의 건국과 더불어 유교가 국교화 되었지만 초기의

유교는 국가의 정치이념의 지향과 전장제도典章制度의 마련에 그치고 있었고, 널리 사회 전반에 침윤하여 국민의 생활규범을 확고히 세우게 된 것은 16세기에 들어와서부터이다. 이러한 세운世運의 추세 속에 각 지방에서 선진적 인사들이 등장하여 향리를 이끌고 계발함으로써 그 고장의 예속禮俗과 문염文艶이 찬연하게 되었다. 영남에 있어서는 퇴계·남명 두 유종儒宗의 영향 아래 안동安東과 진주晉州가 각기 좌도와 우도의 문화의 중심으로 되었거니와, 안동에 인접한 의성義城 또한 좋은 본보기이다. 의성은 소문국시대召文國時代로부터 역사적 유서가 깊은 곳이지만, 유교적 생활규범이 토착화되고 사림의 풍운風韻이 떨쳐 영남 유수의 문향文鄕으로 발전한 것은 회당悔堂 신원록申元祿 선생으로부터 시작되었다.

선생은 본관本貫이 아주鵝洲이지만, 이미 그 선대先代로부터 의성현義城縣 남쪽 원흥동元興洞, 지금의 의성읍 도동동道東洞에 자리를 잡아 자손이 세거하였고, 선생은 1516년에 바로 이 이제里第에서 탄생하였다. 총명경개聰明耿介한 자질과 효우의 지성至性을 타고난 선생은 7세에 소학小學을 배우면서 벌써 일언일동一言一動을 준행遵行하려 하였다. 11세에 부친의 병환이 쾌유되지 아니하매 자의로 혼자 팔공산八公山에 들어가 약초를 캐어오고 주야로 병침病枕 곁에서 손수 미음을 이바지하였다.

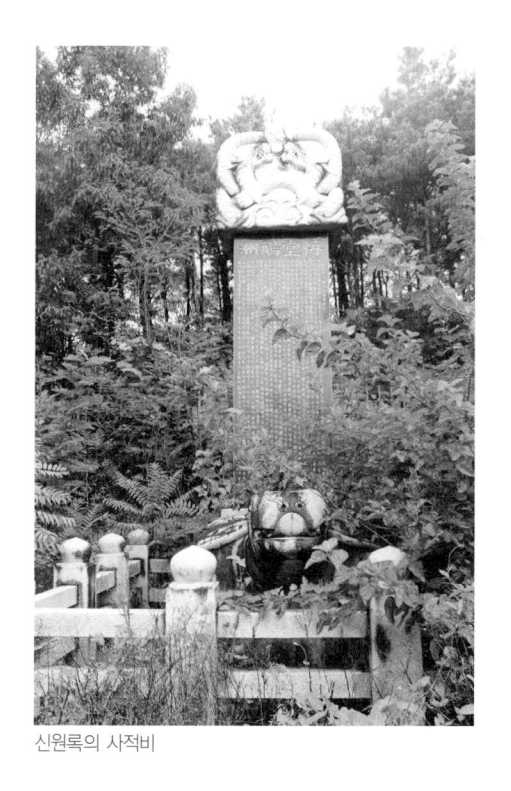

신원록의 사적비

8년간의 시탕侍湯과 3년간 여묘廬墓의 극진한 도리를 다하고
어언 20대에 접어든 선생은 모부인의 명으로 상경하여 성균관
成均館에서 입암立巖 류중영柳仲郢을 위시한 재거유생齋居儒生
들과 함께 학업을 연마했는데, 유생들은 모두 선생의 법도 있
는 언동에 경복敬服하였다. 24세로부터 개연히 구도求道의 길
을 걷기 시작하여 담사역학覃思力學으로 부단히 정진하는 한
편, 당시 선산善山에서 경학經學으로 명망이 높은 용암龍巖 박

운朴雲에게 왕래하면서 질의난문質疑難問하였다. 이 무렵 신재愼齋 주세붕周世鵬이 풍기군수豐基郡守로서 순흥 백운동順興白雲洞에 서원을 짓고 학도를 모아 교육하니, 이것이 우리나라 최초의 서원이다. 선생은 즉시 그곳으로 부급負笈하여 가르침을 청하니, 신재는 선생을 중대重待하여 "아원유인我院有人, 기인여옥其人如玉, 천장옥여天將玉汝, 신기록의申其祿矣"라는 글을 써 주면서 격려하였다.

그러나 선생의 일생에 있어서 가장 중요한 사실은 퇴계·남명 두 유종儒宗을 찾아 도산陶山과 덕천德川에서 좌도와 우도의 주인主仁과 주의主義의 학풍에 직접 훈도를 입었던 것이다. 특히 퇴계문정退溪門庭에서 얻은 바가 컸었다. 퇴계는 당시 중앙의 학관아카데미즘의 퇴화추락退化墜落과 지방의 신진사림파 철학의 대두에 주의하면서 사림파 젊은 자제들에게 새로운 교육환경을 조성시키기 위하여 서원창설 운동을 적극적으로 전개하는 한편, 지방사회에 있어서의 윤리질서의 재정립을 위하여 향약鄕約의 실시와 보급을 권장하였다.

선생은 의성에서 진작 서원의 영건營建에 뜻을 두고 동지들과 의논하여 그 구체화에 착수하였다. 이에 앞서 선생은 의성고을에 원래 모재慕齋 김안국金安國이 설치해둔 학자學資를 읍재邑宰에게 요청하여 부활시키고 영천榮川의 학제學制를 도입하여 업유재業儒齋를 만들기도 했으나, 자나 깨나 오직 한 가지

생각으로 이 고을의 흥학육재興學育才의 바탕이 될 서원의 꿈을 실현시키기에 진력하여 현남縣南 구성산九成山 아래 장천長川 위에 기지基址를 정하고 무려 14년간에 걸쳐 만난을 무릅쓰고 추진하여 마침내 낙성을 보았다. 장천서원長川書院이 그것이다. 향약鄕約은 원래 이 고을에 있어 왔는데 중간에 폐지된 채 아무도 수학하지 않았다. 선생은 평소에 향약의 필요함을 느끼고 있었는데 도산陶山에서 퇴계의 수편手編인 향약입조鄕約立條를 보고 온 뒤에 유희잠柳希潛과 상의하여 남전여씨藍田呂氏의 사조四條에다가 퇴계의 벌칙罰則을 첨부하여 매년 봄가을에 동약자同約者들과 권징勸懲을 행하였다. 이것과는 별도로 종족간에 월삭회月朔會를 조직하여 숭조崇祖와 목족睦族의 정신을 배양하기도 하였다.

선생의 향토애와 동족애는 이에 그치지 않았다. 문적文籍에서 상고할 수는 없지만 부로父老의 구전에 따르면 업유재業儒齋 내에 연계소蓮桂所가 있어, 진사 및 문과합격자들의 집합소로서 국초國初 유향소留鄕所의 구실을 했는데 이것도 선생의 창솔倡率과 주선으로 이루어진 것이라 한다. 이뿐만 아니라 당시 연이어 흉년이 들어 고을 백성들이 굶주림으로 사망하는 등 말 못할 지경에 빠졌는데 선생은 읍재邑宰와 함께 진제賑濟의 책임을 지고 살뜰한 보살핌과 계획성 있는 조처로써 경내境內를 완전 구활救活하게 되었다. 이 진제사업賑濟事業이 해를 거

듭함에 따라 군자君子의 인민애물지심仁民愛物之心이라 하여 칭송이 자자하였다. 위의 사실들은 선생의 수기手記인 「업유 재완의業儒齋完議」, 「장천서원영건전말長川書院營建顚末」, 「서 향약후書鄕約後」, 「진제장지賑濟場志」 등이 문집에 수록되어 있어서 저간의 상황을 잘 말해준다.

이와 같이 고을을 위해 백성들을 위해 많은 어려운 일을 하신 선생이 자신의 생애에 있어서는 불우를 면치 못하였다. 일평 생 과거와 환달宦達에 인연이 없고 오직 노모를 위한 백리부미 百里負米의 뜻으로 장수長水, 청도淸道, 삼가三嘉 등의 향교 훈 도訓導로 전전하다가 모부인의 춘추가 팔순에 이르자 표연히 직을 버리고 귀향하여 동고東臯에 양로당養老堂을 짓고 모부인 을 기쁘게 모시는 것으로 직분을 삼았을 뿐이며 모부인이 93 세의 천년天年으로 서거하시자 집상執喪의 과애過哀로 병이 침 중하여 모부인의 묘측墓側 여소廬所에서 61세를 일기로 세상 을 떠났다. 모부인의 영정을 자기의 관 곁에 걸어두게 한 그의 지극한 효심은 천추에 모든 인자人子의 옷깃을 적시게 한다.

조가朝家로부터 정려旌閭의 특전이 있고 다시 호조참의戶曹參 議의 증직贈職이 있었으며 사림으로부터 원사院祠의 봉향奉享 이 있어 공의公議의 불민不泯을 알 만하지만, 선생의 그 지행순 덕至行純德으로 한 번도 묘당에 앉아 일세一世를 도용陶鎔할 기 회를 갖지 못함이 어찌 슬프지 않으리오. 그러나 선생이 오로

지 이 고장에 봉사할 수 있음으로써 선생의 불행은 이 고장의 다행이기도 한 것이다.

선생은 두 아들을 두셨으니 장자 심忱은 사헌부감찰司憲府監察이요, 차자 흘忔은 증좌승지贈左承旨이다. 장방손長房孫은 다섯이니 장長 상도판관尙道判官과 차次 영도泳道 · 지도志道 · 민도敏道 · 사도師道이고, 차방손次房孫은 셋이니 장長 적도適道는 정병호란시丁丙胡亂時 창의장倡義將으로 찰방察訪 증이조참의贈吏曹參議이고, 차次 달도達道는 문과장원文科壯元으로 수찬修撰 증도승지贈都承旨이고, 차次 열도悅道는 문과장령文科掌令으로 중계仲季와 함께 남한南漢에 호종扈從하였다. 선생의 불식지보不食之報가 또한 이에 있다고 할 것이다.

끝으로 몇 마디 말씀을 붙여 명사銘辭에 대신한다.

노魯나라에 군자君子가 없으면 무엇을 취하랴 했거니 아름다운 이 소주韶州에 선생이 아니 계실 수 있었으랴. 우뚝 솟은 이 정민貞珉 천백대千百代에 증언해 주리라.

1986. 4. 1

문학박사 여주麗州 이우성李佑成 근찬謹撰

회당의 사적비 건립은 후손들의 숭조사업 일환으로 대전시장을 역임한 항재恒齋 신기훈申基勳의 주도하에 이루어진 것이다.

회당의 삶을 왜 그토록 후세사람들이 추앙하는지에 대해서는 1740년에 회당의 6세손 이치재二恥齋 신정모申正模(1691~1742)가 지은 글로 대신하고자 한다.

나의 선조이신 회당 선생의 효성과 우애는 조상의 가르침을 계승한 것이고, 학문의 연원은 홀로 스승의 전통을 이은 것임을 당대 사람들은 이미 알았던 것이거니와 후대 학자들도 또한 그것을 존숭하여 제향祭享하였던 것이다. 그러나 후세에 모범이 될 만한 글을 남기는 데는 선생이 늘 겸허하여 자처하지 않으셨기 때문에 평생 동안 저술한 것이 드물었고, 이미 저술한 것도 버린 것이 또한 많아서 지금 떠돌다가 상자에 남아 있는 것은 태산 가운데 터럭 하나와 겨우 같을 뿐이다. 그런즉 보존된 것이라도 삼가 읽으면 또한 선생이 몸소 실천한 바의 대강을 알 수 있을 것이다. 대개 그가 종신토록 다한 효심은 「영정지影幀識」에 갖추어져 있고, 구도求道하려는 참된 마음은 또한 「낙론樂論」에 상세하다. 그리고 도를 일으키고 학문을 제창한 공적은 서원과 업유재業儒齋를 세우려고 경영하신 데서 살필 수 있고, 백성을 사랑하고 만물을 아끼는 마음은 또한 계축년(1553)과 갑인년(1554)의 진제장賑濟場에서 시행하고 조처한 것을 통해 알 수가 있다. 그 밖의 시부詩賦나 여러 저작著作들도 어버이를 사랑하고 형을 공경하거나, 절실하게 묻고 가

까이서 생각하는 마음에서 나오지 않은 것이 없으니, 아! 이것만으로도 후세에 전할 만한데 또한 어찌 수다스럽게 말이 많아야 귀하겠는가.

5. 문집

　　『회당선생문집悔堂先生文集』은 4권 2책의 시문집이다. 이 문집은 회당의 6세손 호계파 신정모申正模(1691~1740)가 1740년에 일단 편집해 놓고 있다가 1769년경에 간행한 것으로 보인다. 이광정이 1739년 9월 26일에 서문을, 신정모가 1740년 1월에 회당 연보의 발문을, 신원복이 1576년 5월 16일에 효우록을, 이광정이 1739년 10월 1일에 행장을, 최현이 1635년 11월에 묘지를, 신덕함이 1705년 3월에 묘표를, 신열도가 1656년 4월에 사우록을, 권상일이 1750년 12월 22일에 사우록 발문을, 신언모가 1739년 1월에 회당선생 분산도를, 이상정이 1769년 10월에 신재 주선생 유묵을 작성한 것으로 되어 있기 때문이다.

권두: 이광정의 「서문」, 신정모가 편찬한 「연보」 및 그 연보의
    발문

권 1: 부賦 4편, 시 45수가 있다.

부賦 가운데 「삼근부三近賦」는 지知·인仁·용勇의 3덕
목을 노래한 것이고, 나머지 3편도 철리哲理를 읊는 등
도학적인 설교에 치중되어 있으며, 시詩는 동지들과 화
답한 수창시나 거주지 주변의 풍광을 노래한 것이 대부
분이라고 한다.

권 2: 서書 2편, 잡저 6편, 제문 3편이 있다.

서書 가운데 주세붕周世鵬에게 보낸 편지는 학자기문學
資記文을 청한 것이고, 서원 학생에게 보낸 편지는 장천
서원長川書院의 운영에 대한 내용이다. 잡저雜著 가운데
「유붕자원방래불역낙호론有朋自遠方來不亦樂乎論」은 주
세붕이 낸 논제에 답한 글이며, 「업유재완의業儒齋完議」
는 향교의 학자금에 대한 규정을 정한 글이고, 「진제장지
賑濟場志」는 1553년과 1554년의 기근 구휼에 대한 글이
고, 「서향약후書鄕約後」는 의성향약을 전한 내력을 적은
글이며, 「자모영정지慈母影幀識」는 모친 영정에 대한 글
이고, 「장천서원영건전말長川書院營建顚末」은 김안국을
제향祭享한 장천서원 건립의 전말을 기록한 글이다. 서
원에 대한 기록은 16세기 서원의 운영과 재정 연구의 자

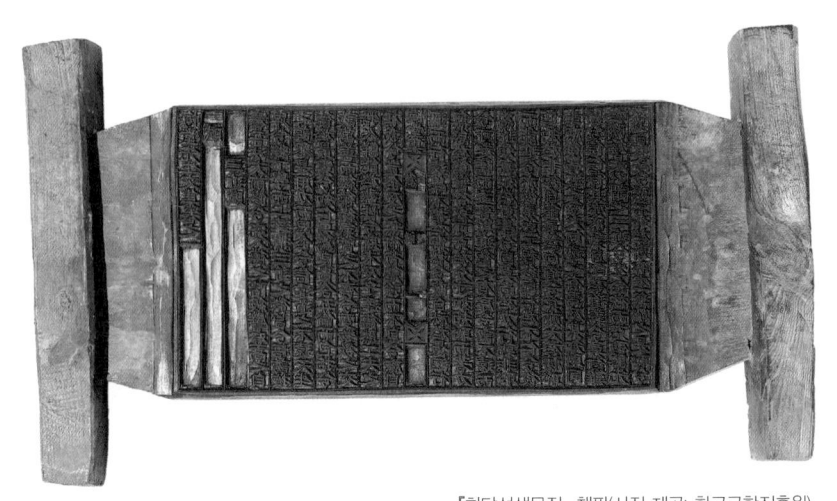

『회당선생문집』 책판(사진 제공: 한국국학진흥원)

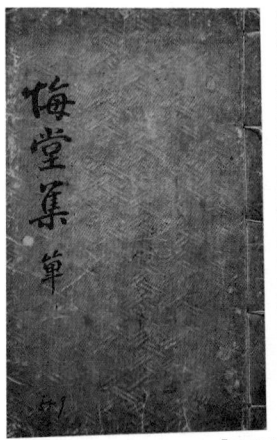

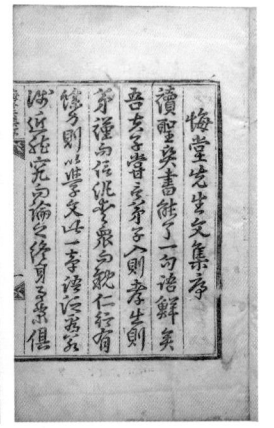

『회당선생문집』(사진제공:한국국학진흥원)

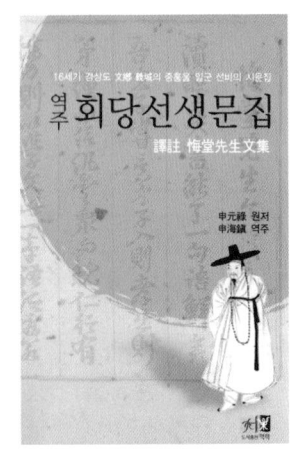

회당선생문집 역주서

료가 된다고 한다. 제문은 김사걸金士傑 · 조종돈趙宗敦
등에 대한 것이다.

권 3: 부록으로 효우록孝友錄 · 행장 · 습유拾遺 · 묘지 · 묘표 ·
속삼강행실 · 문소지聞韶識 · 제묘문祭墓文 · 장대서원봉
안문藏待書院奉安文 · 상향축문常享祝文 · 풍영루상량문風
詠樓上樑文 · 이산구원묘우상량문尼山舊院廟宇上樑文이
있다.

효우록은 형 신원복이 회당의 일생을 중심으로 부친을
간병했던 사실과 모친상 때 보여준 효행, 그리고 형제간
의 우의 등을 매우 상세하게 기록한 것이며, 행장은 눌은
이광정이 지은 것이며, 습유는 대산 이상정이 집안에서
전해오는 이야기를 적은 것이다. 묘지는 인재 최현이 지
은 것이며, 묘표는 회당의 5세손 신덕함이 지은 것이다.
속삼강행실과 문소지는 회당의 효행 관련 기록만을 발췌
한 것이며, 제묘문은 의성현령 안응창이 회당의 묘에 제
사한 글이다. 장대서원봉안문은 갈암 이현일이 지은 것
이며, 상향축문은 고산 이유장이 지은 것이다. 풍영루상
량문은 만퇴 홍만조가 지은 것이며, 이산구원묘유상량문
은 이계 남몽뢰가 지은 것이다.

권 4: 부록으로 사우록師友錄과 그 사우록의 발문, 회당의 분산
도, 신재의 유묵遺墨의 발문 등이 수록되어 있다.

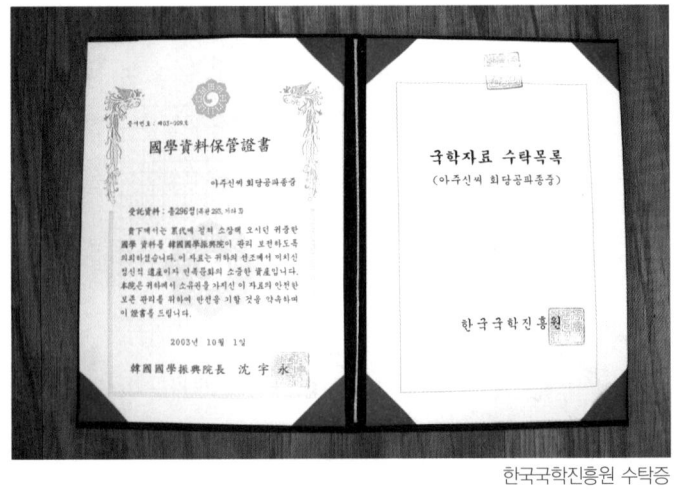

한국국학진흥원 수탁증

한국국학진흥원 수탁자료 목록

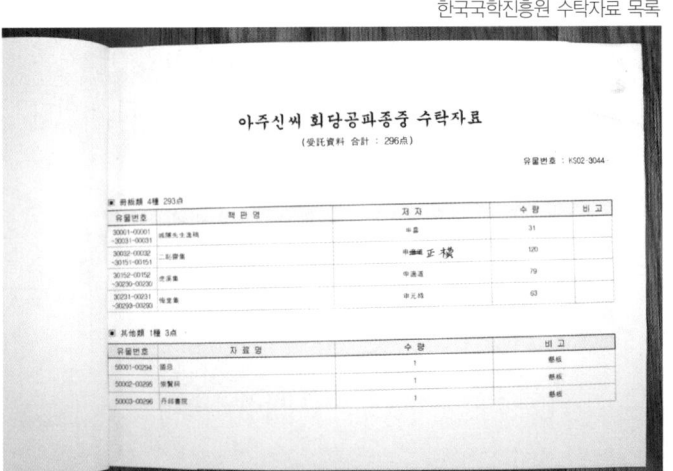

사우록은 손자 신열도가 편찬한 것으로 회당과 사우관계를 맺은 주세붕·이황·남명 등 74인의 인적사항과 관련 사항을 기록한 것으로 회당의 교유양상을 살필 수 있는 자료이며, 사우록의 발문은 청대 권상일이 지은 것이다. 회당의 분산도는 신언모가 쓴 것이며, 신생 주선생 유목 발문은 대산 이상정이 쓴 글이다.

이 문집도 그 책판은 안동의 한국국학진흥원에 수탁되어 있고, 2009년 호계파 신해진에 의해 번역되었다.

아주신씨 회당공파 종중은 이 문집의 책판册板 63장을 포함해 『성은선생일고』 31장, 『호계집』 79장, 신정모의 『이치재집二恥齋集』 120장, 국기國忌·숭현사崇賢祠·단구서원丹邱書院의 현판 각 1장 등 296점을 안동의 한국국학진흥원에 수탁하고 있다.

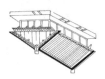

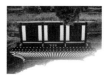

제4장 회당종가의 불천위제

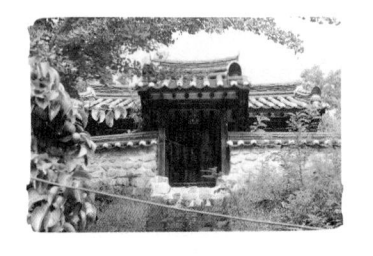

1. 유사 후손과의 면담

　　국불천위國不遷位의 장손은 종손宗孫이라 하지 않고 종군宗君이라 하는데, 회당의 불천위 제사는 종군이 없기 때문에 현재 유사 후손有司後孫에 의해 이루어지고 있다. 2000년 이전에는 회당 문중의 각 파별로 매년 나이 드신 어른이 1년씩 산장山長을 맡아서 제사를 지냈다고 한다. 산장은 철에 따라 사당에서 제사지내던 일을 총괄하는 도유사都有司를 이르던 말이다. 조상을 숭배하는 정신이 희박해지면서 산장을 맡으려고 하지 않고, 교통망과 통신망이 좋아짐에 따라 산장 밑에서 연락이나 회계, 문서작성 등의 사무를 맡았던 유사 후손에게 제사 일체가 맡겨졌다고 한다.

　　그리하여 회당의 불천위제는 2000년 이후 지금까지 적장자

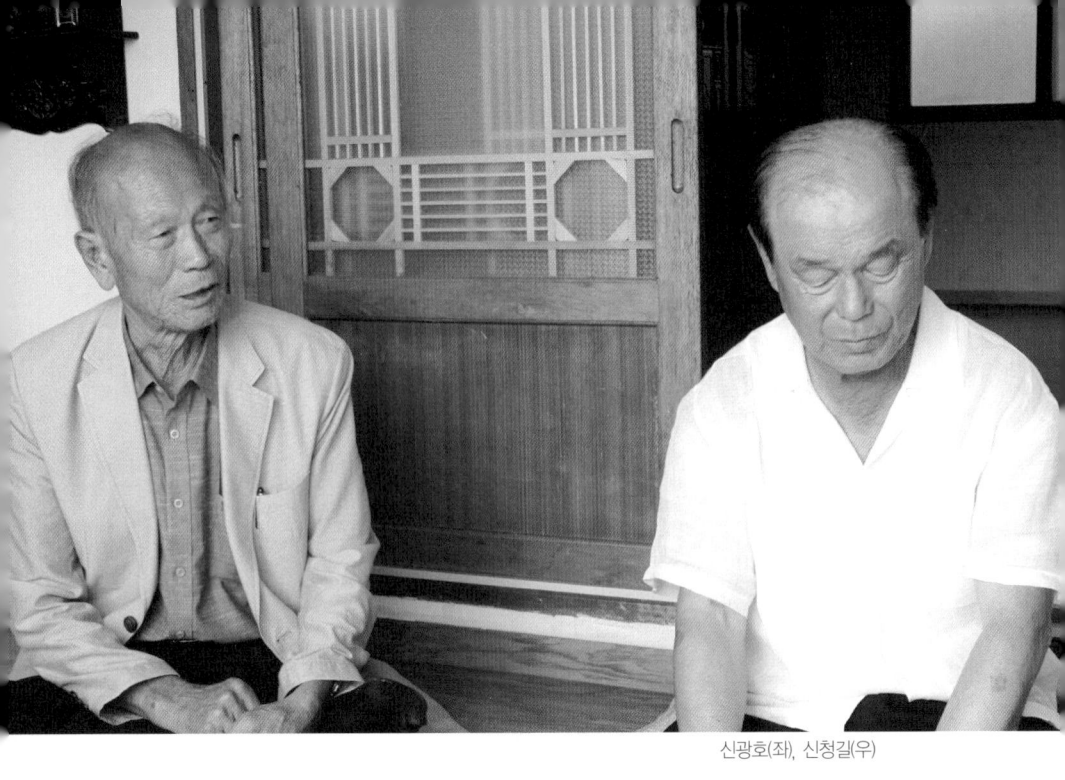

신광호(좌), 신청길(우)

의 종군이 아닌 유사 후손인 호계파 신청길申淸吉이 대종회 총무
로서 주로 주관하였으며, 2003년부터 2012년까지는 아주신씨 읍
파 총무였던 삼백당파 신종기申鍾祺(1946년생)가 협심하였다고 한
다. 신청길은 회당의 불천위 제사에 유사 후손으로서 성심성의
껏 관여하다 보니까, 대구 · 경북 지역 불천위 종가 종손 모임인
영종회嶺宗會의 수첩에 종군으로 올라 있다며 겸연쩍어한다.

경북대학교 영남문화연구원 종가문화연구팀에서 2016년 9
월 10일 회당 종중의 호계파 신광호申洸鎬(1934년생), 신청길(1942년
생) 두 분을 만나 면담한 녹취 자료를 인용한다.

영종회 수첩

Q: 회당가의 종손은 어떤 분인가요?

신청길: 종손이 없으니까 문중에 각 파별로 매년 나이 드신 어른들이 1년씩 맡아서 산장을 했어요. 요즘은 각 파별 회장이 있고 하니까 유사들이 해요. 옛날에는 산장이 했던 게 교통 편의도 그렇고 통신망도 그렇고 했지만, 요즈음은 통신망 좋지 교통 편의도 좋지 하니까 연락하면 바로 되니까 유사 손으로 해요.

신광호: 우리는 실제로 종손이 참석 못하니, 그 파내派內에서 제일 연장자다 해서 산장을 정했어요.

신청길: 1년 동안 행사를 책임지고 하지요. 사실 요즘은 유사들이

다 하고 있어요.

신청길: 종손을 찾으려고 수소문도 했지만 못 찾았는데 일부는 부산에 살았다고 하고, 족보에 보면 연천 저 지역에 산소도 있고 하니까 거기 살다가 혹시 이북으로 휩쓸리어 갔는지, 아무리 찾으려고 해도 못 찾고 있어요.

신광호: 이곳의 항렬 같은 분이 서울에 있다 와서 우리 부친하고 이 족보를 만들었어요. 이때는 어디 있는지 알았으니까 이렇게 기록했겠지요.

Q: 불천위 제례 준비는 어떻게 하세요?

신광호: 매년 정해져 있는 유사가 오고, 장을 볼 때는 이 사람(신청길)이 총책을 가지고 있고 해서 연락을 하고.

(제수 장만하는 것은?)

신청길: 재실에 관리하는 사람이 있고. 근데 요새는 재실에 관리하는 사람 있어도 많이 시키지를 못해요. 사실 우리가 이 어른(불천위) 뵙기가 미안하지만 어쩔 수 없는 시대예요.

신광호: 옛날에는 재실 관리하는 사람을 말하자면 본가 쪽의 사람들이 가서 '어험' 하고, '이 봐라' 하고 하인 부리듯 했지만, 요즘은 자손들이 그저 사정을 하고 부탁을 해야 되니 시대가 이렇게 달라졌어요.

Q: 문중 차원에서 강조하시는 것은 무엇인지요?

신광호: 그 당시에는 효자가 정승보다 못하지 않았지. 이 어른 아드님 두 분도 학문이 높아서 교수를 했어요. 퇴계 선생처럼 벼슬보다 후학을 양성하는 데에 힘썼어요.

Q: 종가의 내력은 어떻게 되는지요?

신광호: 우리가 들어본 것은 사실 우리들도 책자 안 보면 몰라요. 요즘 시대는 젊은 사람이나 나이든 사람이나 서로 보면 얘기가 되지만, 나도 여기 살고 있으나 내 나이가 육십이 되어도 문중의 내력을 잘 몰랐어요. 어른이 계셨으니까, 어른이 계시면 우리가 관여를 못했어요. 그렇게 엄했어요. 어른들이 전부 주관하고 했기 때문에 어른들 돌아가시고 우리가 늦게 이렇게 보니까 선 구석이 많아요. 우리가 추측해 보면 큰집이라도 인물이 안 나고 없으면 큰집으로 대접 못 받고 없이 사니까, 어디 다른 데로 옮기고 내왕을 안 하고 하다 보니 이렇게 되었지 않았을까 그렇게 생각해봐요.

Q: 불천위 조상님 외에 문중 차원에서 알리고 싶은 조상님이 있으신지요?

신광호: 우리 할배들이 큰 벼슬은 못 해도 그 당시 이 어른 아들과 손자들이 모두 괜찮아요. 맏손자 호계공은 그 당시 의병대장도 하시고.

신청길: 회당 선조에게 팔도八道라 해서 여덟 집의 손자가 있었는데 대과를 급제한 이가 두 어른이 나왔으니 대단했지요. 그 후에도 대과

에 급제하신 분들이 있어요.

(이 어른들은 누구한테 배우셨어요?)

학봉, 여헌 이런 분들한테 배웠어요. 우복 선생한테도 배웠어요. 우복 선생한테 우리가 외가로 되어 있어요. 대산 집은 혼반이 있어서 자주 왕래했나 봐요.

Q: 문중 차원에서 종가 보전을 위해 어떤 노력을 하고 있으신지요?

신청길: 종손이 있어서 조상 현창 사업을 좀 더 철저하게 잘 했으면 좋겠는데 그게 안 되니까 안타깝기는 하지요. 그러나 유사 손으로 이렇게라도 이어나갈 수 있다는 것이 다행이라 생각합니다. 우리가 지금까지 했듯이, 우리 후손들이 누구든지 나타나서 우리만큼은 안 하겠나 하는 막연한 생각을 하지요.

(문중 차원에서 이 종가 보전을 위해 어떤 체계를 마련해두셨는지요?)

그런 거는 없어요. 근데 예를 들면, 회당 선조 묘소를 개비하는 데 2013년에 후손 중에 독지가가 돈을 근 3천만 원을 내줘서 했어요. 주로 묘사나 불천위 제사 때 1년에 두 번은 만나서 여러 필요한 것들을 서로 애기를 해요. 그래서 이런 게 가능해요.

(헌관도 그때 정하시는지요?)

예. 우리는 자손들이 오면 집사분정해서 시도를 할 때에 연장자를 아니까 그렇게 정하고, 또 작년에 초헌이나 아헌을 했으면 하지 않은 분

을 헌관으로 정해요. 그래서 매년 헌관이 달라져요. 헌관 셋이 늘 돌아가면서 하니까 가능하면 모든 후손들이 골고루 할 수 있게 정해요. 그래서 참여율도 조금 저조하다고 보지만, 어떤 사람은 '회당 할배 헌관 한 번 해야겠다'고 하면서 참여하기도 하니까, 그런 것도 때에 따라 괜찮다고 보지요.

Q: 종가를 보전하려면 힘든 점도 많으시겠습니다.

신광호: 우리는 종가(孫)가 없지만, 우리 신가申家가 그렇게 빠진 성씨가 아니니까, 다른 이들 하는데 참여는 해야 되니까, 이 사람이 나가서 개인 돈으로 활동을 하니 고맙지요.

(신청길 선생님은 문중에서 직함이 무엇인지요?)

우리 아주신가 대종회 총무이지. 저기 귀파가 오봉집이고 읍파, 현령파 이렇게 세 파가 모이면 우리 신가라.

(제일 어려우신 게 경제적인 문제인지요?)

경제적인 것도 있지만 종가가 없으니까 현재 이 사람이 대행을 하고 있으니까 제3인이 봐도 어려운 문제고, 이 사람 자신이 거기 참여해도 멋쩍은 일이고.

신청길: 경북에는 불천위 제사 지내는 집들 모두 모인 영종회嶺宗會라고 있어요. 여기 종손들 올려놓았는데, 나는 유사손이라 해도 여기(수첩)에 올려놓았어요.

(유사손은 돌아가실 때까지 계속 하시는 것인지요?)

그때는 1년마다 유사가 계속 돌아갔어요. 그전에는 이 어른한테 유사를 한 번 하는 것을 큰 영광으로 알았어요. 요새는 세월이 잘못 되어서 유사를 아주 우습게 알고 아무도 안 하려고 해요. 그러니 누가 맡으면 한 참씩 해야 돼요.

(종손이 아닌데 대외적으로 종손 활동을 해야 되니 어려운 점이 있으시겠어요?)

예. 그렇지요. 그런데 사실 다니려면 시간이 많이 뺏겨요. 나도 농장이 있는데, 일을 못하고 품을 사서라도 내가 가야 될 곳은 가야 되니, 그런 게 조금 어렵지요. 문중 일을 어렵다고 하소연할 일도 아니고, 남이 알아주든 안 알아주든 내가 할 수 있는 만큼 하면 되는 거지만.

(선생님께서는 불천위 선조 계보로 하면 어느 집 자손이신지요?)

손자가 여덟인데 두 집이 유명무실해졌고, 지금 남아 있는 여섯 집 가운데 넷째 집 막내 아들 손자 집이에요.

Q: 보람 느끼실 때는 언제이신지요?

신청길: 문중에서 내가 이야기를 하면 형님들이 이해를 해주시니 그보다 고마운 일이 없지요. 특히 재실에 사람이 들어왔다 나가버리고 애를 먹었어요. 지금은 사람이 있는데, 그때는 집내 형수들한테 '아지매, 불천위 제례 때 거들어주소.' 하면, 모두 퍼뜩 와가지고 거들어주고 하니까 참 고마웠지요.

그런데 우리가 하나의 선례가 될지 모르지만, 앞으로 양자 안 해주

면 저절로 이렇게 흘러가야 되겠지요. 종손이 없다고 우리 종원宗員들이 낙심하지 않고 서로 모여서 얘기하며 문중을 끌고 나가니까 이만만 해도 참 다행이다 싶기도 하고.

Q: 문중 차원에서 자손들한테 교육하시는 건 있으신지요?

신청길: 우리는 그런 거는 없고, 지금까지 가을에 향사하고 1년에 1번씩 대종회 행사하고, 시제로 묘사 향사할 때는 사람들이 백 명 이상 모이면 전부 집사 분정해요. 멀리서 처음 오는 사람도 보고 긍지를 가지고 가는 거 같고, 헌관도 늘 하는 사람이 하는 게 아니니까 작년에 했으면 올해는 바꾸어가며 하니까, 참여하는 사람들이 '참여하다보면 언젠가는 나도 헌관獻官할 수 있다. 나도 뭔가를 좀 배워 오면 홀기笏記라도 창할 수 있고, 축祝이라도 할 수 있겠다' 고 생각을 좀 하는 거 같더라고요. 그런 거지 뭐 교육은 따로 없습니다.

Q: 문중 차원에서 대외활동은 어떻게 하시는지요?

신청길: 이 형님이 한 10년 전에 의성 유림에 유도회 회장 하셨고, 내가 지금 두 해째 의성 유도회 회장 하고 있습니다. 또 현재 경덕왕릉 보존회 회장 하고 있고 그래요.

Q: 앞으로 종가가 어떻게 계승되기를 바라시는지요?

신청길: 이게 문중 일인데, 바쁘다고 참여를 안 하면 이것은 해낼 재

간이 없어요. 그러니 조상에 대해 성원이 있고 관심 있는 사람들이 몇 명이라도 모여서 이렇게 하면 다른 사람들도 자동적으로 따라오겠지요. 억지로 할 수는 없고.

신광호: 이 사람이 혼자 일을 도맡아 하고 있으니 안타까운 게 좀 있어요. 이 문제를 올해 묘사 때는 얘기를 해야겠다 싶어요. 이 사람도 내일 모레 팔십인데, 나이 많으면 모든 일이 안 된다고. 그러니 자손들끼리 모여서 이 문제를 해결해야지요.

신청길: 옛날에는 이런 어른한테 문중에 유사했다 하면 영광으로 알았는데, 그런 세대는 인제 다 가버리고 없어요. 그런 세대가 이제 없을 거니까, 앞으로는 자기 마음에 우러나야 문중일도 하고 조상일도 하는 거지요. 옛날부터 '굽은 소나무가 선산 지킨다'고, 산 밑에 있으니까 늘 불려가고 하는 게 당연한 거고.

Q: 마지막으로 바라시는 게 있으시면 말씀해주세요?

신청길: 1년을 돌이켜보건대, 가을 시월 들어서면 최소한 15일은 묘사 지내러 다녀야 되고, 봄 되면 각 서원이나 이런 데 행사하러 가야 되고, 우리 종회를 하고 이러다 보면 한 달 정도는 뺏겨요. 그러나 어쨌든 조상에 대해 관심이 있는 후손들이 많이 태어났으면 좋겠다는 그것밖에 바라는 게 없어요.

이 녹취자료는 물질적 풍요의 시대인 21세기 오늘날에 제례

의 전통이 어떻게 계승되고 있는지, 불천위 제사가 어떻게 행해지고 있는지, 그 맨살을 가감 없이 드러내고 있다. 농업을 중심으로 한 공동체 기반의 제례 전통이 그대로 계승되어야 한다고 보는 입장에서는 낯선 대목이 많을 것이다. 그래서 면담을 마친 두 어른들은 지나치게 솔직하게 이야기를 함으로써 가문의 명예를 실추시킨 것은 아닌지 걱정이 이만저만이 아니다. 그러나 꼭 그렇게만 생각할 것은 아닌 것 같다. 어느 집안도 옛날 방식 그대로 제례의 전통을 계승하는 것은 아니기 때문이다. 정도의 차이는 있을지언정 각 집안의 형편에 맞게 방식의 변화를 보이고 있다. 그 계승의 본질은 바로 숭조정신일 것이고 변화의 모색은 방식일 것인바, 종군이 없다면 없는 대로 어떻게 조상 받드는 정신을 계승할 것인가에 초점이 맞춰져야 할 것이다. 따라서 오히려 낯설다고 생각되는 모습을 있는 그대로 노출한 것은 현재의 시점에서 그것에 대한 새로운 해결이나 방안을 모색하는 데 시발점이 될 것이다.

2. 회당의 불천위제

큰집에서 인물이 나지 않아 큰집으로서 대접받지 못하게 되자 타지로 이주하고 내왕을 하지 않게 된 것으로 미루어 짐작하고 있다. 따라서 회당가의 적장자 종손과 종부가 없음에도 유사 후손에 의해 회당의 불천위 제례가 행해지는 것이 특징이라면 특징이라 할 수 있다. 불천위 제례를 주관하던 엄한 어른들이 죽은 뒤로 문중의 내력을 미처 제대로 알지도 못한 채 늦은 나이에 비로소 관여하게 되었다고 하는 한편, 그럴망정 제례를 부족할지라도 이어나갈 수 있는 것을 다행으로 여긴다는 유사 후손의 말에 절로 고개가 숙여진다. 그 유사 후손도 이제 80세를 바라보는 고령인지라 제수 마련하는 것이 쉽지 않은 현실이니, 재실에 있는

관리인으로 하여금 제수를 마련하게 하고 있다. 그것도 옛날 같지 않아 마음껏 준비하게 하지 못하고 그들의 눈치를 보아야 하는 현실인지라 오히려 조상님 뵐 면목이 없다는 말에서 답답함을 느낀다. 적장자가 제사를 받드는 것이 아니다 보니, 집사분정執事分定을 할 때면 해마다 하지 않은 사람을 위주로 골고루 정하게 되었다. 이는 제례의 참여율을 저조하게 하는 계기가 되기도 하지만 반대로 높이는 계기가 된다고도 한다. 조상에 대한 관심이 많은 후손들이 태어나 참여하는 자리가 넓어지기를 희망해 본다.

이런 가운데서도 모든 행실의 근원인 효를 실천하고 벼슬보다 후학을 양성한 회당에 대한 추모로 불천위 제사를 모시는 회당 종중 후손들의 마음은 경외심이 들기까지 하다. 회당의 손자들이 여헌 장현광, 우복 정경세 등의 문하에서 배운 것에 대해서도 자부심을 드러내고 있다. 이러한 회당가의 유사를 하는 것이 큰 영광으로 알던 시대도 있었지만 요즘은 그렇지 않다고 하는 데서 세월의 무상함을 느끼게 된다. 굽은 소나무가 선산 지킨다고 하였으니 산 밑에 있으니까 늘 불려가는 것이야 당연하다면서, 남이 알아주든 알아주지 아니하든 내가 할 수 있는 만큼만 하면 된다는 신청길 유사의 소박한 말에 절로 공경의 마음을 가지게 된다.

이제 유사 후손이 치르는 회당의 불천위 제례를 살펴볼 것이다. 회당의 불천위 제사는 매년 음력 2월 중 정丁인 날에 지내는

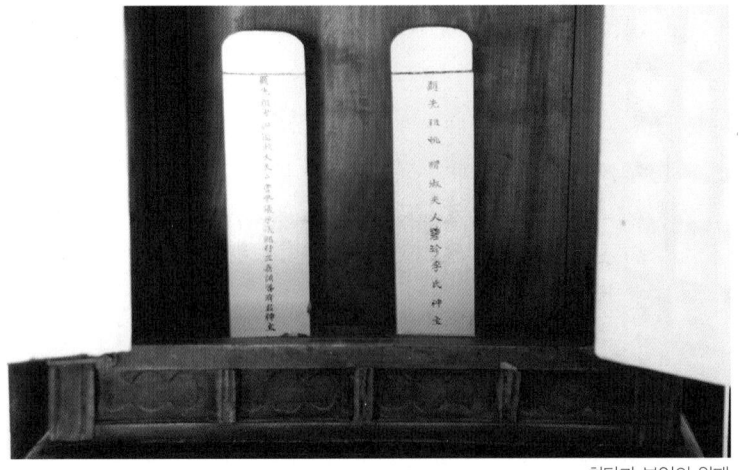

회당과 부인의 위패

데, 2017년에는 3월 11일이 음력 2월 14일 정유丁酉였다. 따라서
이날 의성읍 팔성리에 있는 회당의 묘우에서 불천위 제사가 거행
되었다. 회당의 위패位牌에는 "현선조고증통정대부호조참의승의
랑행삼가훈도부군신주顯先祖考贈通政大夫戶曹參議承議郞行三嘉訓導府
君神主"라고, 벽진이씨 부인의 위패에는 "현선조비증숙부인벽진
이씨신주顯先祖妣贈淑夫人碧珍李氏神主"라고 종서縱書로 쓰여 있다.
불천위 제사는 합설合設로 모시는데, 여기서는 이를 중심으로 그
과정과 절차에 대해서 간략하게 알아보기로 한다.

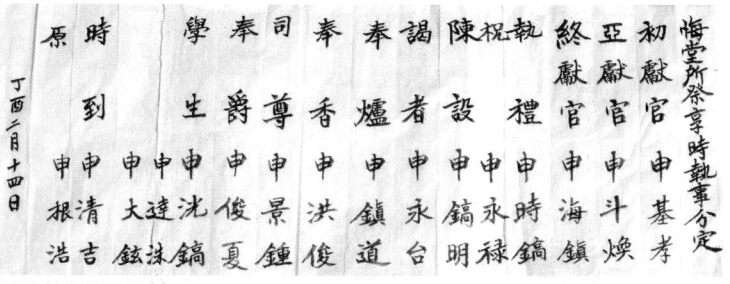

2017년 집사분정표

1) 제사 준비와 집사분정

회당종가에는 종손과 종택이 없기 때문에 불천위 제사 준비
는 유사 후손인 신청길이 주관하고 묘우의 관리인이 맡아서 한
다. 제수가 마련되면 보통 30여 명이 모이는데, 올해는 좀 더 많
았다고 한다. 불천위 제사를 차질 없이 지내기 위해서 이날 참례
자를 중심으로 집사자執事者를 정하여 업무 분장을 하였다. 이를
집사분정이라 하는데, 다음은 바로 2017년 집사분정표執事分定票
이다.

초헌관 신기효, 아헌관 신두환, 종헌관 신해진
집례(홀기를 읽는 사람) 신시호
축관(축문을 읽는 사람) 신영록
진설(제수를 제기에 담아 제상을 차리는 일을 맡은 사람) 신호명

제청의 모습

알자(헌관을 안내하는 사람) 신영태

봉로(향로를 맡은 사람) 신진도

봉향(향을 맡은 사람) 신홍준

사준(제주의 주전자를 담당하는 사람) 신경종

봉작(술잔을 맡은 사람) 신준하

학생(제례 전반에 대해 자문하는 사람) 신광호, 신달수, 신대현

시도(참석 인원의 성명과 생년, 지참한 물품명 등을 적는 사람) 신청
길, 신근호

원(더는 기재할 내용이 없다는 의미)

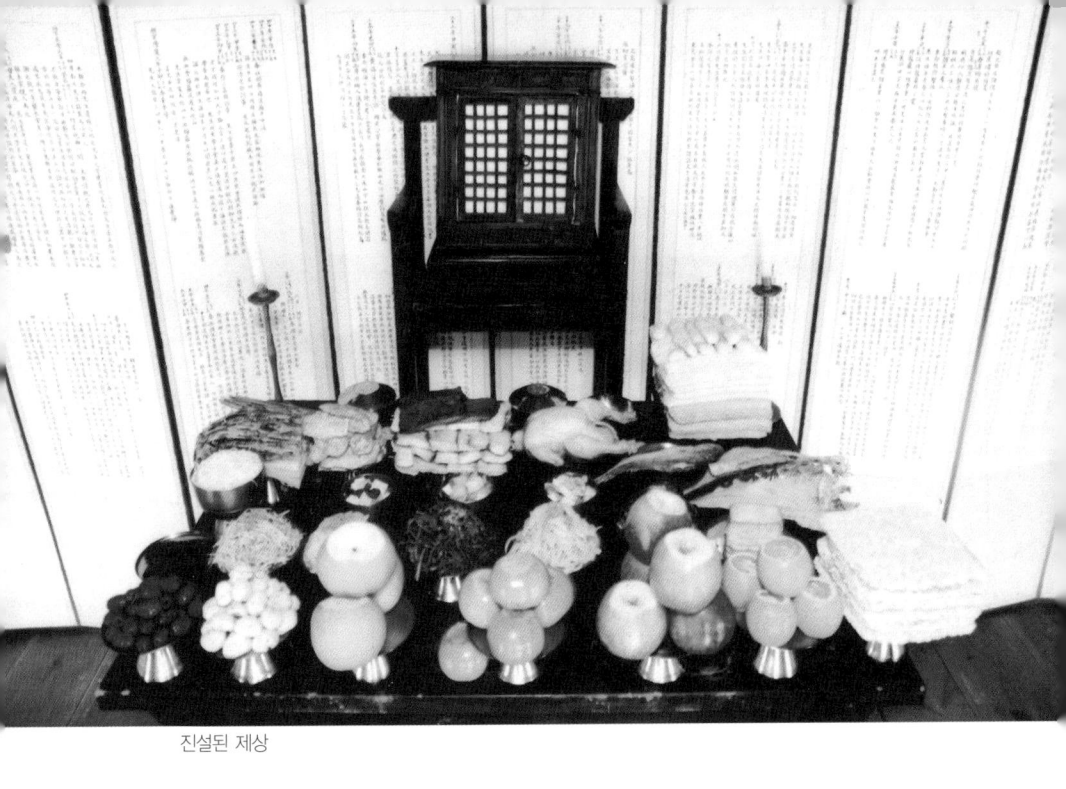

진설된 제상

2) 제청祭廳 마련과 진설陳設

제청은 제수 준비가 끝나면 묘우에 마련한다. 묘우에 제상을 설치하고 그 뒤에 신주를 모시는 교의交椅를 놓고, 그 뒤에 다시 병풍을 두른다. 병풍은 모두 12폭인데, 여기에는 회당의 6세손 이치재二恥齋 신정모申正模(1691~1742)가 작성한 연보가 빼곡히 적혀 있다. 제상 위에는 제상의 앞쪽 가장자리에 동서로 촉대를 각각 하나씩 둔다. 제상 앞으로는 향상香床을 가운데 두고 향상의 오른쪽에는 축판을, 왼쪽에는 주가를 둔다. 향상 위에는 향로와

향합을 두고 모사기는 향상 아래 퇴주 그릇과 함께 둔다.

제청이 마련되면 진설陳設을 하는데, 제상에 제물을 올리는 것이다. 제1열은 좌측으로부터 과일로 대추, 밤, 배, 감의 기본 4과를 두고, 또 사과, 귤 등 시절과를 놓으며, 약과 등의 조과를 놓는다. 제2열은 보통가면 왼쪽에 포를 오른쪽에 해醢를 두나, 회당가에서는 오른쪽에 포를 두고 왼쪽에 해를 두는 것이 특징이다. 그 사이에는 자반과 나물 등을 올린다. 제3열에는 탕을 놓는데, 소탕素湯, 어탕魚湯, 육탕肉湯을 포함해 모두 7탕이다. 제4열에는 왼쪽에 면麵, 가운데에 적炙, 오른쪽에 편을 올린다. 제5열은 메와 갱羹을 놓는다. 합설이므로 메와 갱은 두 벌을 한다. 시접匙楪은 왼편에 두고, 잔은 메와 갱 사이에 신위 쪽에 각각 둔다.

3) 불천위 제사 차례

홀기笏記는 제례 등 의식에서 그 진행 순서를 적어서 낭독하게 하는 기록이다. 불천위 기사忌祀 홀笏은 불천위 제례 지내는 절차를 미리 의논하고 정하여 그대로 시행함으로써 절차의 오류를 막고 시비의 근원을 방지하려는 목적이 있다. 그러면 이 홀기에 따라 불천위 제사의 차례를 설명하고자 한다.

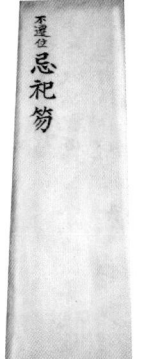

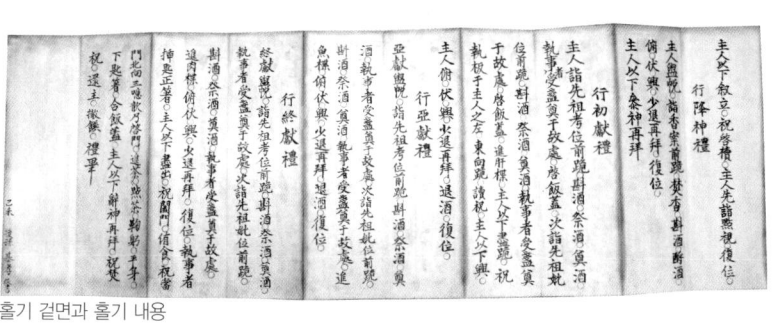

홀기 겉면과 홀기 내용

가) 출주

출주出主는 사당에서 신주를 모셔오는 의식이다. 홀기에는
다음과 같이 기록되어 있다.

　○ 주인이하서립主人以下敍立: 주인 이하 모두 차례대로 서시오.
　○ 축계독祝啓櫝: 축관은 신주함을 여시오.
　○ 주인선예점시복위主人先詣點視復位: 주인은 먼저 진설한 것
　　을 돌아보고 제자리로 돌아오시오.

참사자參祀者들이 차례로 서면, 축관祝官이 묘우에 모셔져 있
는 독櫝을 연다. 독은 신주궤神主櫃라고도 하는데, 하나의 독 안에
양위의 신주가 모셔져 있다. 제사를 주관하는 사람인 주인主人이

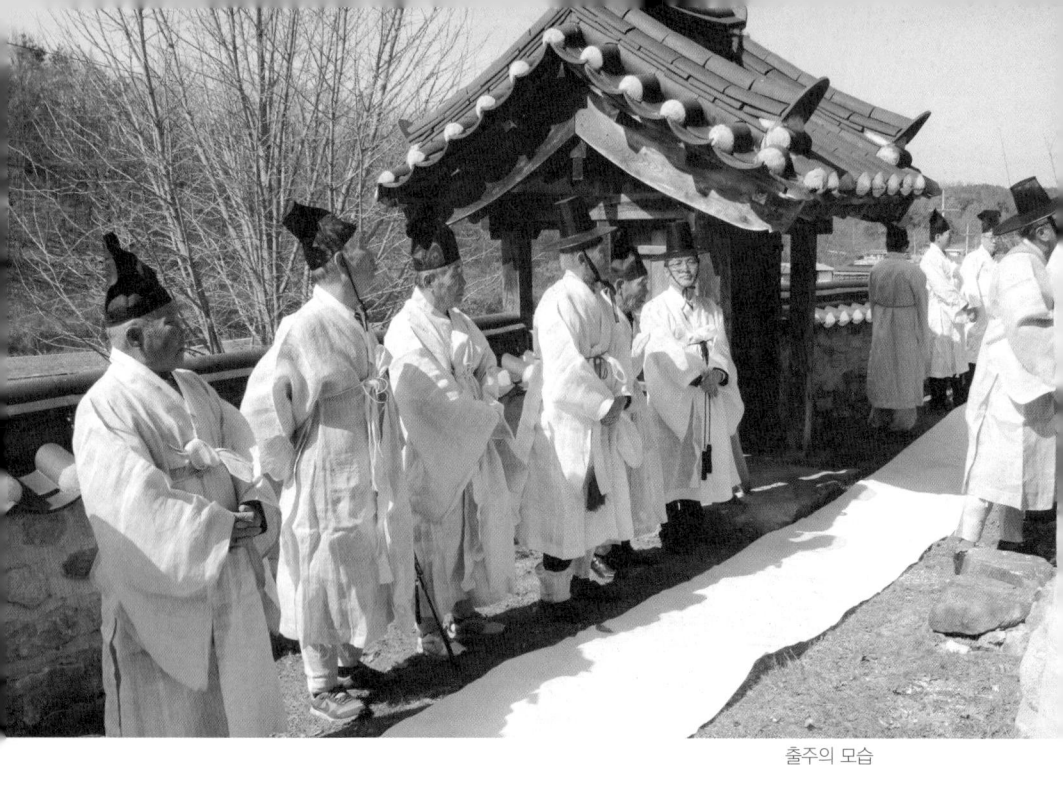

출주의 모습

먼저 제수祭需들이 잘 진설되었는지 살펴보고 제자리로 돌아오
는 것으로 출주 의식은 끝난다.

나) 강신례降神禮

행강신례行降神禮: 강신례 거행

○ 주인관세主人盥帨: 주인은 손을 씻으시오.

○ 예향안전궤분향詣香案前跪焚香: 향안 앞으로 나아가 꿇어앉
　　아서 향을 피우시오.

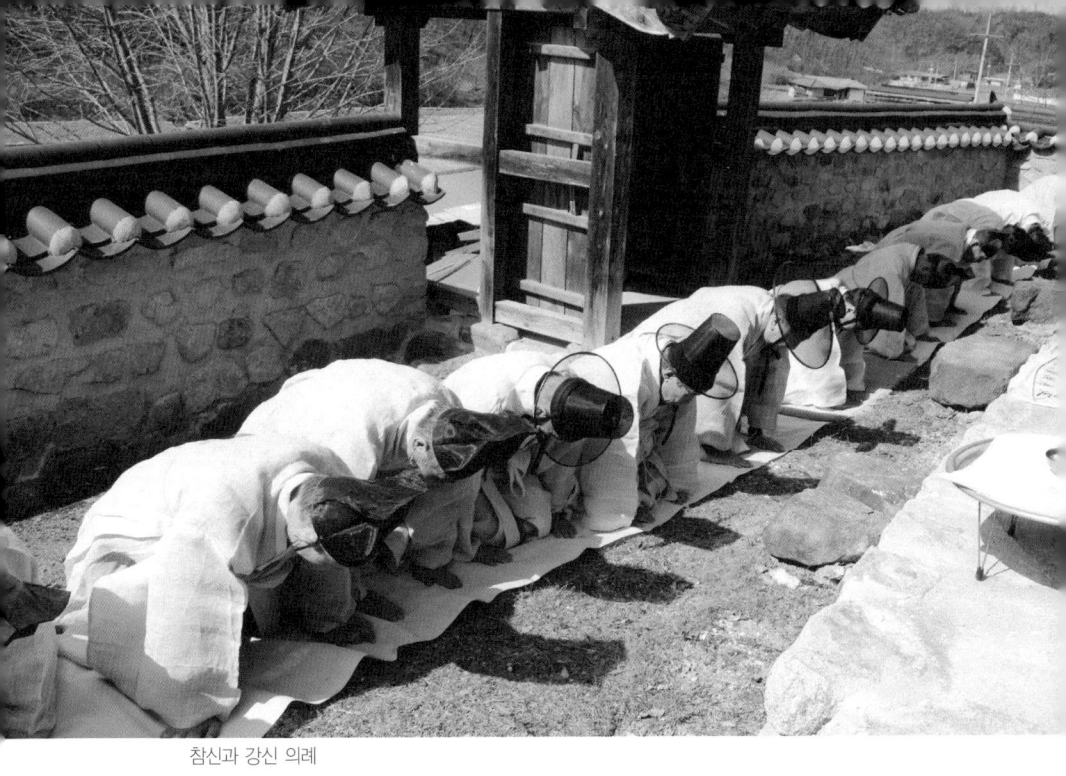

참신과 강신 의례

○ 침주뇌주斟酒酹酒: 강신 잔에 술을 따르면 강신주를 모사에
   부으시오.

○ 부복흥俯伏興: 엎드렸다가 일어나시오.

○ 소퇴재배少退再拜: 조금 물러나 두 번 절하시오.

○ 복위復位: 제자리로 돌아오시오.

○ 주인이하참신재배主人以下參神再拜: 주인 이하 모두 참신하
   는 절을 두 번 하시오.

제사를 주관하는 사람이 향안香案 앞으로 나아가 꿇어앉은

뒤, 향을 사르고 술을 모사기에 세 번 따른다. 이때 제주祭酒의 주전자를 잡은 사준司樽은 술잔을 맡은 봉작奉爵이 고위考位 앞에 있던 술잔을 가져오면 술을 따라 사용하고, 강신이 끝나면 다시 고위 앞에 되돌려 놓는다. 주인은 잠시 엎드렸다가 일어나서 조금 앞으로 나아가 불천위를 향하여 두 번 절하고 제자리로 돌아온다. 참사자들은 모두 신주를 향하여 재배하며 강신례降神禮를 행한다.

다) 헌작례獻爵禮

헌작獻爵은 잔을 올리는 의식으로 초헌·아헌·종헌으로 구성되어 있다.

행초헌례行初獻禮: 초헌례 거행
○ 주인예선조고위전궤主人詣先祖考位前跪: 주인은 선조 고위
  앞에 나아가 꿇어앉으시오.
○ 침주제주斟酒祭酒: 술을 따르면 주인은 모사에 3번 지우고
  집사자(봉작)에 주시오.
○ 전주奠酒: 집사자(전작)는 술잔을 신위 앞에 올리시오.
○ 집사자수잔전우고처執事者受盞奠于故處: 집사자는 잔을 받
  아 본래 자리에 올리시오.
○ 계반개啓飯盖: 메 뚜껑을 여시오.

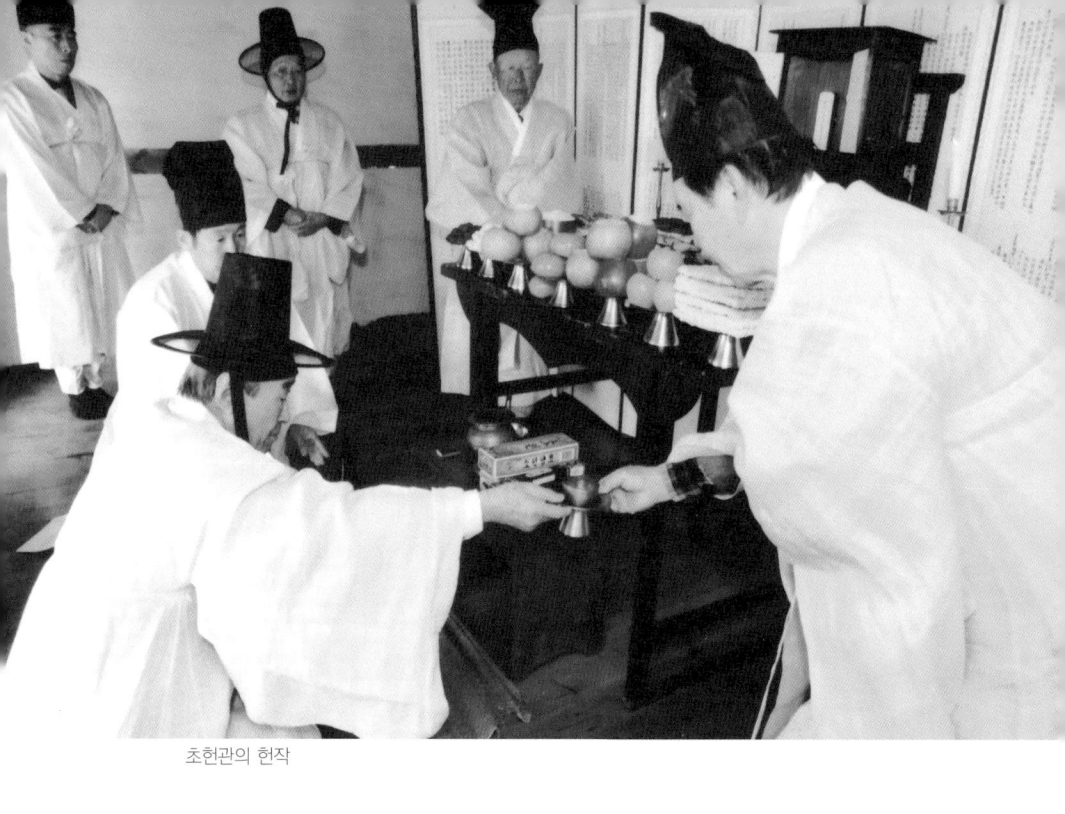

초헌관의 헌작

○ 차예선조비위전궤次詣先祖妣位前跪: 다음 선조 비위 앞에
나아가 꿇어앉으시오.

○ 침주제주斟酒祭酒: 술을 따르면 주인은 집사자에게 주시오.

○ 전주奠酒: 집사자는 술잔을 신위 앞에 올리시오.

○ 집사자수잔전우고처執事者受盞奠于故處: 집사자는 잔을 받
아 본래 자리에 올리시오.

○ 계반개啓飯盖: 메 뚜껑을 여시오.

○ 진간접進肝楪: 간접을 올리시오.

○ 주인이하진궤主人以下盡跪: 주인 이하 모두 꿇어앉으시오.

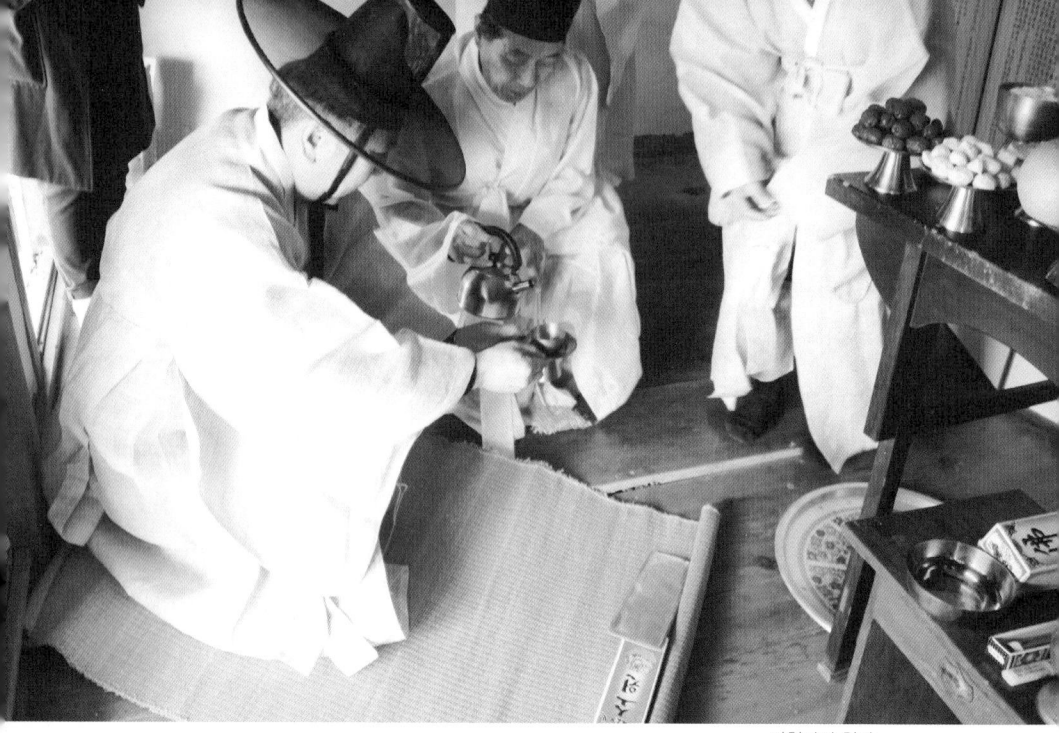

○ 축집판우주인지좌동향궤祝執板于主人之左東向跪: 축관은 축
   판을 들고 주인의 왼편에 동쪽을 향해 꿇어앉으시오.

○ 독축讀祝: 축관은 축문을 읽으시오.

○ 주인이하흥主人以下興: 주인 이하 모두 일어나시오.

○ 주인부복흥主人俯伏興: 주인은 엎드렸다가 일어나시오.

○ 소퇴재배少退再拜: 조금 뒤로 물러나서 두 번 절하시오.

○ 퇴주退酒: 제상에 올렸던 술을 물리시오.

○ 복위復位: 제자리로 돌아오시오.

초헌은 주인이 올린다. 주인은 불천위의 고위 앞에 꿇어앉은 뒤, 사준이 따르는 술을 받아 주인이 봉작에게 주면 그 봉작이 고위 앞에 올리게 된다. 이때 메 뚜껑을 연다. 비위의 경우도 마찬가지다. 양위에게 술을 올리고 나면 또 소의 간을 넓고 길쭉하게 썰어 불에 구운 적(肝炙)을 올린다. 참사자들이 부복하고 있는 사이 축관이 축문을 읽는다. 이때 축관은 축판을 들고 주인의 왼편에 동쪽을 향해 꿇어앉아서 읽는다. 다 읽고 나면 참사자들은 일어난다. 주인은 잠시 엎드렸다가 일어난 뒤, 조금 뒤로 물러나서 두 번 절한다. 제상에 올렸던 술을 물리고, 주인이 제자리로 돌아오는 것으로 초헌례는 끝난다.

행아헌례行亞獻禮: 아헌례 거행

○ 아헌관세亞獻盥帨: 아헌관은 손을 씻으시오.

○ 예선조고위전궤詣先祖考位前跪: 선조 고위 앞으로 나아가
꿇어앉으시오.

○ 침주제주斟酒祭酒: 술을 따르면 주인은 집사자에게 주시오.

○ 전주奠酒: 집사자는 술잔을 신위 앞에 올리시오.

○ 집사자수잔전우고처執事者受盞奠于故處: 집사자는 잔을 받
아 본래 자리에 올리시오.

○ 차예선조비위전궤次詣先祖妣位前跪: 다음 선조 비위 앞에
나아가 꿇어앉으시오.

○ 침주제주斟酒祭酒: 술을 따르면 주인은 집사자에게 주시오.

○ 전주奠酒: 집사자는 술잔을 신위 앞에 올리시오.

○ 집사자수잔전우고처執事者受盞奠于故處: 집사자는 잔을 받아 본래 자리에 올리시오.

○ 진어접進魚楪: 어접을 올리시오.

○ 부복흥俯伏興: 엎드렸다가 일어나시오.

○ 소퇴재배少退再拜: 조금 뒤로 물러나서 두 번 절하시오.

○ 퇴주退酒: 제상에 올렸던 술을 물리시오.

○ 복위復位: 제자리로 돌아오시오.

아헌관은 손을 씻은 뒤, 선조 고위와 비위 앞에 차례로 꿇어앉아서 술을 올린다. 술을 올리고 절을 하는 형식은 초헌관과 같으나, 아헌관은 이때 해물로 만든 어적魚炙을 올린다. 아헌관은 잠시 엎드렸다가 일어난 뒤, 조금 뒤로 물러나서 두 번 절한다. 제상에 올렸던 술을 물리고, 아헌관이 제자리로 돌아오는 것으로 아헌례도 끝난다.

행종헌례行終獻禮: 종헌례 거행

○ 종헌관세終獻盥帨: 종헌관은 손을 씻으시오.

○ 예선조고위전궤詣先祖考位前跪: 선조 고위 앞으로 나아가 꿇어앉으시오.

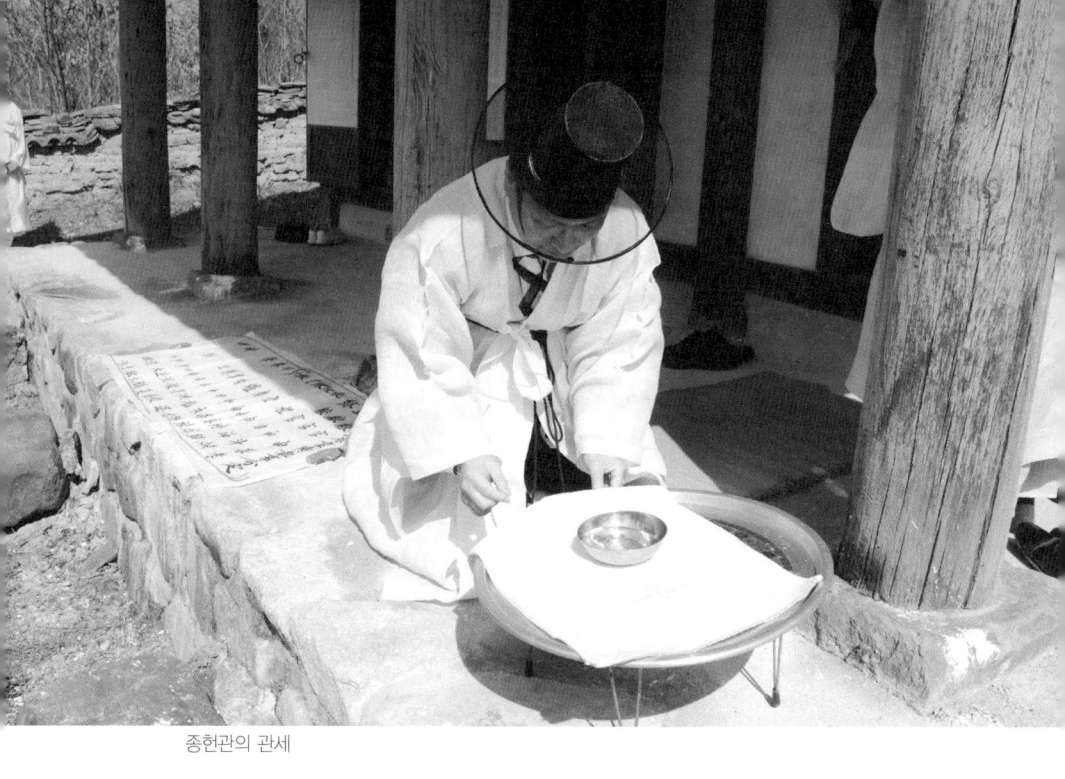

종헌관의 관세

○ 침주제주斟酒祭酒: 술을 따르면 주인은 집사자에게 주시오.

○ 전주奠酒: 집사자는 술잔을 신위 앞에 올리시오.

○ 집사자수잔전우고처執事者受盞奠于故處: 집사자는 잔을 받아 본래 자리에 올리시오.

○ 차예선조비위전궤次詣先祖妣位前跪: 다음 선조 비위 앞에 나아가 꿇어앉으시오.

○ 침주제주斟酒祭酒: 술을 따르면 주인은 집사자에게 주시오.

○ 전주奠酒: 집사자는 술잔을 신위 앞에 올리시오.

○ 집사자수잔전우고처執事者受盞奠于故處: 집사자는 잔을 받

아 본래 자리에 올리시오.

○ 진육접進肉楪: 육접을 올리시오.

○ 부복흥俯伏興: 엎드렸다가 일어나시오.

○ 소퇴재배少退再拜: 조금 뒤로 물러나서 두 번 절하시오.

○ 복위復位: 제자리로 돌아오시오.

종헌관은 손을 씻은 뒤, 선조 고위와 비위 앞에 차례로 꿇어 앉아서 술을 올린다. 술을 올리고 절을 하는 형식은 초헌관, 아헌 관과 같으나, 종헌관은 이때 소고기나 돼지고기로 만든 육적肉炙을 올린다. 종헌관도 잠시 엎드렸다가 일어난 뒤, 조금 뒤로 물러 나서 두 번 절한다. 제상에 올렸던 술을 물리고, 종헌관이 제자리 로 돌아오는 것으로 종헌례도 끝난다.

라) 유식

유식侑食은 음식을 권하는 의식이다.

○ 집사자삽시정저執事者揷匙正箸: 집사자는 숟가락을 메에 꽂 고 젓가락을 바로 놓으시오.

○ 주인이하진출主人以下盡出: 주인 이하 모두 밖으로 나가시오.

○ 축합문祝闔門: 축관은 문을 닫으시오.

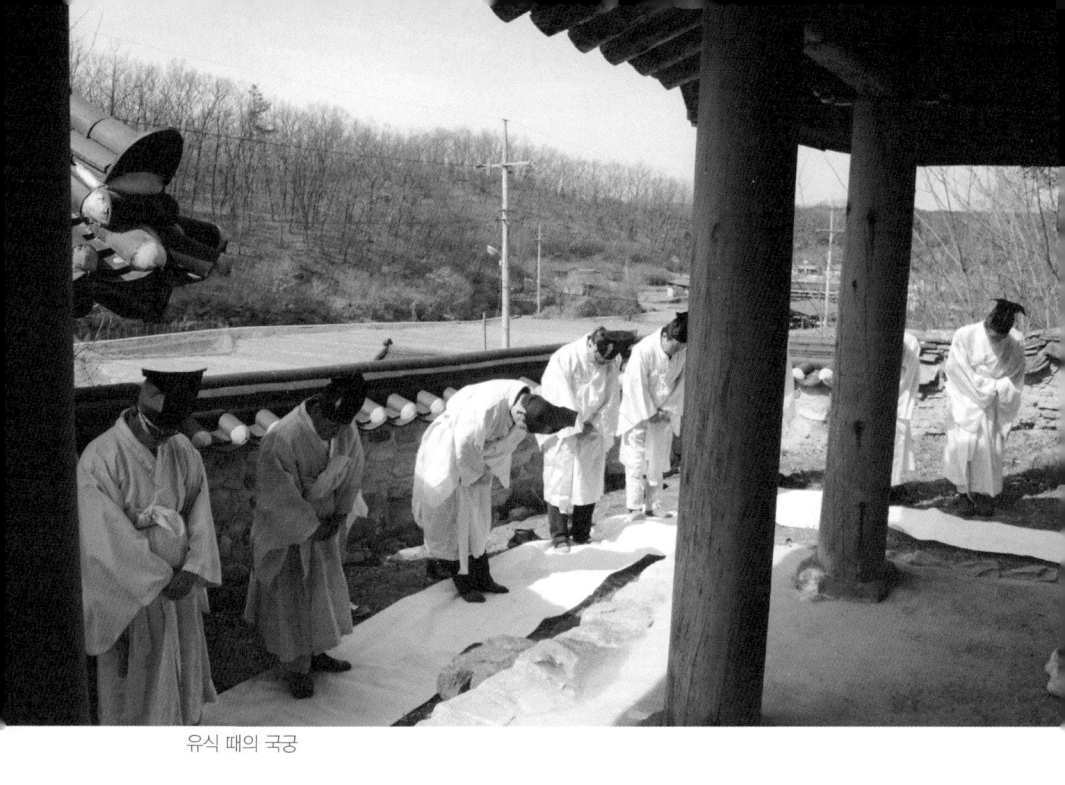

유식 때의 국궁

○ 축당문북향삼희흠내계문祝當門北向三噫歆 乃啓門: 축관은 문

  에서 북향하여 헛기침을 세 번 하고 문을 연다.

○ 진다進茶: 숭늉을 올리시오.

○ 점다點茶: 메를 숭늉에 개시오.

○ 국궁鞠躬: 허리를 굽히시오.

○ 평신平身: 몸을 바로 하시오.

    초헌관인 주인이 향안 앞에 나아가 사준으로부터 받은 술을

봉작에게 주면 봉작은 그것을 받아 첨작添酌을 한다. 이어서 숟가

락을 메에 꽂고 젓가락을 가지런히 놓는다. 이것이 끝나면 주인은 두 번 절하고 제자리로 돌아가게 된다. 그리고 주인과 참사자 모두 사당 밖으로 나가게 되는데, 곧이어 축관이 합문闔門을 한다. 문을 닫고 있는 사이에 모든 참사자는 사당 섬돌 아래서 부복한다. 잠시 후 축관이 문에서 북쪽을 향해 헛기침을 세 번 하며 식사가 끝나 문을 연다는 신호를 알리고 문을 연다. 이어 차를 올리는 의식인 진다進茶를 하는데, 숭늉 대신 맑은 물을 올려 밥을 세 숟가락으로 떠서 말아 숟가락을 거기에 걸쳐둔다. 숭늉을 드시라는 의미에서 잠시 허리를 굽혀 기다린다.

마) 사신과 음복

사신辭神은 조상과 헤어지는 의식이고, 음복飮福은 제사를 마치고 제수와 제주를 나누어 먹는 일이다.

○ 하시저下匙箸: 숟가락과 젓가락을 내리시오.

○ 합반개合飯蓋: 메 뚜껑을 덮으시오.

○ 주인이하사신재배主人以下辭神再拜: 주인 이하 모두 신주와 하직하는 절을 두 번 하시오.

○ 축분축祝焚祝: 축관은 축문을 사르시오.

○ 환주還主: 신주를 사당에 도로 뫼시오.

음복

○ 철찬徹饌: 제사음식을 상에서 내리시오.

○ 예필禮畢: 예를 모두 마칩니다.

　집사자는 숭늉 그릇에서 숟가락을 내려놓고 또 젓가락도 함
께 내려놓으며 메 뚜껑을 덮는다. 이어 참사자 모두가 불천위 신
주를 향하여 두 번 절한 뒤, 축관은 축문을 사른다. 주인은 신주
가 모셔진 주독主櫝을 닫은 후 받들어 모시고 사당의 감실에 안치
한다. 집사자는 제수를 제상에서 내리며 음복飮福을 준비한다. 참
례한 제관들이 모두 모여 제사 음식을 나누어 먹는데, 이때 조상

의 음덕을 기리고 종원들의 돈목敦睦을 일군다. 이로써 불천위 제례는 끝난다.

4) 불천위 제사 참례 후기

불천위 제사에 참례한 후손들이 모두 어느 정도 나이든 사람이란 것이 못내 허전한 마음이다. 2017년 올해도 불천위 제례를 위해 성심성의껏 준비한 유사 후손은 호계파 신청길(1942년생)이다. 초헌관은 호계파 신기효申基孝(1933년생)이다. 그는 아주신씨 읍파종중 2대 회장, 대종회 부회장, 대동보 편찬 상근 부회장 등을 역임하였다. 아헌관은 화곡파 신두환(1958년생) 안동대학교 한문학과 교수이고, 종헌관은 호계파 신해진(1958년생) 전남대학교 국어국문학과 교수이다. 나머지 제관들도 머리가 희끗한 연세 드신 분들이었다.

8대 주손冑孫인 신해진은 30살의 경수庚洙와 26살의 명수明洙 두 아들과 함께 참례하였으니 더없이 행복하다. 효제 사상이 퇴색되어가고 가족윤리가 극도로 무너져가는 요즘에 있어서 무엇을 더 바라랴.

변화무쌍한 21세기를 사는 우리들에게 '제례'의 의미는 무엇일까. 핵가족화 된 가정의 구성원으로서, 100세 시대에 접어든 오늘날 부모를 자신의 집에 모실 수 없게 된 우리는 과연 제례문

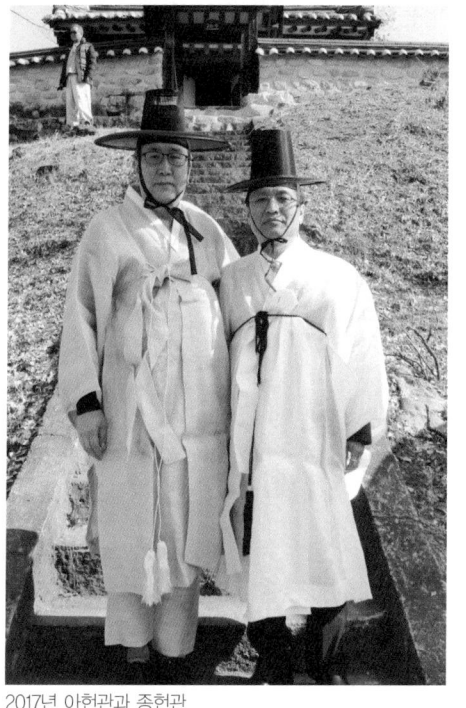
2017년 아헌관과 종헌관

화를 지킬 수나 있을 것인가. 어떻게 하면 자존감을 찾아 우리의 조상을 기리며 앞으로의 삶을 즐거이 그려보는 그런 세상을 맞이할 수 있을 것인가. 혈육과 가족 사이에서 마땅히 지켜야 할 도리가 바르게 세워지고 혼탁한 세상이 바로잡혀지는 그런 세상이 펼쳐지기를 기대해 본다.

흔히들 제례는 '자신을 이 세상에 존재하게 해 준 근본, 즉

생명의 근원인 자연과 자신의 뿌리인 조상을 공경하는 마음의 표
현'이라고 한다. 그 많고 많은 사람 중에 혈연으로 맺어진 이들
은 존경하는 이의 죽음을 애도하고 친족의 결속을 강화하는 제례
를 앞으로 어떻게 계승해야 할지 생각해 보아야 할 듯하다.

　회당의 손자인 호계 신적도가 회당의 사당 지재소智齋所에서
느낀 소회를, 이들은 다시 한 번 반추하지 않을 수 있으랴.

「지재에서 소감을 쓰다[智齋志感]」
지난해 선조 유업을 잇고자 제사지내며 가호를 빌고
이슬 서리 차가운 날씨에도 지극 정성을 다했도다.
노나라 방읍防邑은 일찍이 공자의 한탄을 일으켰고,
한천정사寒泉精舍는 주자가 어머니 그리는 정 넘치네.
고향의 무덤에 대한 느낌이 바뀌어서
삼나무며 소나무가 둘러싼 묏자리를 우러러 절하네.
가학家學을 이어받아 가르침을 욕되게 하지 않고
조석으로 학문에 힘써서 집안의 명성을 드날리리라.
昔年肯搆護麗牲　霜露寒天格至誠
魯防曾興尼聖歎　寒泉逾見晦翁情
推移桑梓邱原感　瞻拜杉松宅兆縈
承襲弓箕无忝訓　孳孳晨夕倡家聲

"공자가 '나를 알아주는 이가 없구나!' 하고 한탄하자, 자공이 '어찌 선생님을 알아주지 않는다 하십니까?' 하고 말하니, 공자가 '하늘도 원망하지 않고 사람도 원망하지 않느니라. 낮은 것부터 배워 높은 것에까지 이르렀으니, 이런 나를 알아주는 이는 오직 하늘뿐인가 하노라[子曰 : '莫我知也夫.' 子貢曰 : '何爲其莫知子也?' 子曰 : '不怨天, 不尤人, 下學而上達, 知我者, 其天乎.']!'"라 하였다. 오늘날 우리들에게 다가온 운명을 남 탓하지 말고 스스로 책임을 지며 극복함이 어떠한가.

참고문헌

김상헌 원저, 신해진 역주, 『남한기략』, 박이정, 2012.

신달도·정양·윤선거 원저, 신해진 편역, 『17세기 호란과 강화도』, 역락, 2012.

신열도 원저, 「朝天時見聞事件啓」, 『연행록 해제』 2, 동국대학교 국어국문학과, 2005.

신우 원저, 신해진 역주, 『역주 퇴재선생실기』, 역락, 2009.

신원록 원저, 신해진 역주, 『역주 회당선생문집』, 역락, 2009.

신적도 원저, 신해진 역주, 『역주 창의록』, 역락, 2009.

신적도 원저, 신해진 역주, 『역주 호계선생유집』, 역락, 2011.

신흘 원저, 신해진 역주, 『역주 성은선생일고』, 역락, 2009.

신흘 원저, 신해진 역주, 『역주 난적휘찬』, 역락, 2010.

윤경환 편찬, 신해진 역주, 『쌍령순절록』, 역락, 2015.

저자 미상, 신해진 역주, 『향병일기』, 역락, 2014.

최명길 원저, 신해진 역주, 『병자봉사』, 역락, 2012.

김진수, 「임진왜란 초기 경상 좌도 조선군의 대응양상에 대한 검토: 경상 좌병사 박진과 권응수의 활동을 중심으로」, 『군사』 84, 국방부 군사편찬연구소, 2012.

김태안, 「호계 신적도의 생평과 의병활동」, 『퇴계학』 8, 안동대학교 퇴계학연구소, 1996.

김형권, 「만오 신달도의 생애와 시 세계」, 안동대학교 석사학위논문, 1999.

류창규, 「병자호란 신적도와 조수성의 〈창의일기〉를 통해 본 영호남 의병」, 『역사학연구』 49, 호남사학회, 2013.

설석규, 「지하에서도 부모를 모신 효자: 회당 신원록」, 『선비문화』 11, 남명학연구원, 2007.

신기훈 편저, 『회당 신원록 선생의 韶州 遺薰』, 아주신씨종중, 1986.

의성군청 · 대구대학교 중앙박물관, 『의성의 전통건축물』, 의성군, 2010.

이종호, 「퇴계학자료총서 해제: 회당집」, 『퇴계학』 9, 안동대학교 퇴계학
        연구소, 1997.

장숙필, 「호계 신적도의 의리사상과 그 사상적 토대」, 『동양고전연구』 33,
        동양고전학회, 2008.

조규환, 「16세기 賑濟政策의 변화」, 『한성사학』 10, 한성사학회, 1998.

조동걸, 「성리학을 꽃피운 조선 중기의 안동」, 『우사 조동걸 전집』, 역사공
        간, 2011.